Statistik

Josef Puhani

Statistik

Einführung mit praktischen Beispielen

13., erweiterte und überarbeitete Auflage

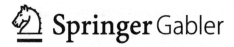 Springer Gabler

Josef Puhani
Hochschule für Wirtschaft und Gesellschaft
Ludwigshafen am Rhein, Deutschland

ISBN 978-3-658-28954-6   ISBN 978-3-658-28955-3   (eBook)
https://doi.org/10.1007/978-3-658-28955-3

Die Deutsche Nationalbibliothek verzeichnet diese Publikation in der Deutschen Nationalbibliografie; detail-
lierte bibliografische Daten sind im Internet über http://dnb.d-nb.de abrufbar.

Springer Gabler ist ein Imprint der eingetragenen Gesellschaft Springer Fachmedien Wiesbaden GmbH und ist
ein Teil von Springer Nature.
Die Anschrift der Gesellschaft ist: Abraham-Lincoln-Str. 46, 65189 Wiesbaden, Germany

Meiner Frau

Vorwort

Im Rahmen der Digitalisierung vieler Lebensbereiche, inklusive der industriellen Produktion (Industrie 4.0) befinden wir uns in einer Zeit, in der sich die Anwendung statistischer Methoden ständig erweitert. Durch das Internet und die Vernetzung von Produktionsmaschinen sowie durch von Konsumenten genutzten und vernetzten Kleincomputern in Form von Smartphones oder Smartwatches fallen immer größere Datensätze (Big Data) an, die mit statistischen Verfahren ausgewertet werden. Hinter Begriffen wie Data Science, Data Analytics, Business Analytics, Machine Learning (ML) und auch Artificial Intelligence (AI, künstliche Intelligenz) verbergen sich im Endeffekt mehr oder weniger komplizierte statistische Verfahren. Um sich diese Verfahren aneignen zu können, müssen zunächst statistische Grundlagen verstanden werden. Diese Grundlagen knapp und effizient darzulegen, ist *ein* Ziel dieses Buches. (Für den nächsten Schritt zu Business Analytics sei z. B. auf die Bücher „Data Mining for Business Analytics, Concepts, Techniques, and Applications in R" von G. Shmueli et al. (2018) oder „Data Science for Business, What You Need to Know About Data Mining and Data-Analytic Thinking" von F. Provost und T. Fawcett (2013) verwiesen).

„Statistik, Einführung mit praktischen Beispielen" hat sich auch zur Standardliteratur für Studierende entwickelt, die ein leicht verständliches Lehrbuch als Begleitliteratur zu Einführungsveranstaltungen zur beschreibenden Statistik, Wahrscheinlichkeitsrechnung und schließender Statistik suchen. Im Interesse einer knappen und verständlichen Darstellung der Kerninhalte der statistischen Methodenlehre wird weitgehend auf mathematische Ableitungen verzichtet. Beispiele mit Lösungen zu allen angesprochenen Sachbereichen helfen dem Leser bei der praktischen Umsetzung und Festigung des statistischen Instrumentariums. Als Ergänzung zu diesem Band erscheint eine darauf abgestimmte kleine Formelsammlung, ein handliches Hilfsmittel für die praktische Anwendung.

Nach der freundlichen und positiven Aufnahme der bisherigen Auflagen liegt nun eine überarbeitete und ergänzte 13. Auflage vor. Kapitel 5 wurde erweitert. Ferner wird in dieser Auflage dem Leser die Möglichkeit gegeben, sein Verständnis der Zusammenhänge durch Multiple-Choice-Fragen (mit Lösungen) zu testen.

Für hilfreiche Diskussionen und konstruktive Kritik bedanke ich mich bei Prof. Dr. Patrick A. Puhani, Leibniz Universität Hannover, und Prof. Dr. Carsten Pohl, Hochschule für Wirtschaft und Gesellschaft, Ludwigshafen am Rhein. Mein Dank gilt auch Kollegen, Studenten und Praktikern aus Wirtschaft und Verwaltung, die durch wertvolle Hinweise zur Gestaltung beigetragen haben.

Ludwigshafen, im Januar 2020   Josef Puhani

Inhaltsverzeichnis

TEIL 3: MULTIPLE-CHOICE-AUFGABEN

Abbildungsverzeichnis

Tabellenverzeichnis

Einführung

Die landläufige Meinung über Statistiker geht wohl dahin, dass es sich bei diesen um eine Art „Technische Zeichner", „Zahlensammler" oder „Tabellenknechte" handelt, deren wesentliche Aufgabe darin besteht, Sachverhalte der Vergangenheit festzuhalten und zu archivieren.

Natürlich sind auch solche Tätigkeiten des Statistikers von elementarer Bedeutung für betriebliche Entscheidungsprozesse. Entscheidungen basieren auf Informationen über Entwicklungen und Zusammenhänge in der Vergangenheit. Der Statistiker kann jedoch mehr leisten als eine bloße rationale Aufbereitung und Beschreibung eingetretener Ereignisse. Er kann eine Brücke von der Vergangenheitsbetrachtung in die Zukunft schlagen. Es ist zwar nicht möglich, künftige Ereignisse präzise vorherzusagen, aber gerade deswegen wird man froh sein, wenigstens etwas über die Wahrscheinlichkeit des Eintreffens möglicher Ereignisse zu erfahren.

Statistische Untersuchungen vollziehen sich an sachlich, räumlich und zeitlich eindeutig abgegrenzten Mengen von Elementen, die man als Grundgesamtheiten bezeichnet. Die betrachtete Grundgesamtheit könnte z. B. aus allen wahlberechtigten Bürgern oder allen Haushalten eines Landes, aus allen Heringen in der Nordsee oder allen Schrauben einer bestimmten Produktionsserie bestehen.

Will man nicht alle Elemente der Grundgesamtheit in die Erhebung und Aufbereitung miteinbeziehen, sondern lediglich eine Teilmenge der Grundgesamtheit betrachten, so haben wir es mit einer Stichprobe zu tun. Jeder von uns hat bereits Erfahrungen mit Stichproben gesammelt. Ein Kleinkind, das nach einem Versuch verächtlich den Teller Spinat zur Seite schiebt, oder die Auswahl des Ehepartners sind im weitesten Sinne Stichproben. Von Stichproben im engeren Sinne wollen wir nur dann sprechen, wenn sie repräsentativ sind, d. h. ein Miniaturbild der Grundgesamtheit widerspiegeln.

In der Regel wird man sich nicht für die Elemente (Merkmalsträger, statistischen Einheiten) der Grundgesamtheit oder Stichprobe an sich interessieren, sondern vielmehr für

© Springer Fachmedien Wiesbaden GmbH, ein Teil von Springer Nature 2020
J. Puhani, *Statistik*, https://doi.org/10.1007/978-3-658-28955-3_1

bestimmte Eigenschaften dieser Elemente. Diese Eigenschaften nennt man Merkmale. Ein zu untersuchendes Merkmal bei den wahlberechtigten Bürgern eines bestimmten Landes könnte z. B. die präferierte Partei, bei den Haushalten z. B. die Programmwahl zur Ermittlung der Einschaltquote, bei den Heringen der Nordsee die Länge der Schwanzflossen und bei den Schrauben der Durchmesser sein.

Man kann sich auch für mehrere Merkmale der Merkmalsträger interessieren, um Zusammenhänge aufzuspüren oder zu testen. So mag man vielleicht bei Online-Anbietern einen Zusammenhang zwischen der Anzahl der Besuche auf der Webseite und dem Bestellwert vermuten oder bei Familien, die sich ein Kind wünschen, den Zusammenhang zwischen dem Zeitpunkt der Eibefruchtung und dem Geschlecht des Kindes untersuchen wollen.

In vielen Fällen sind statistische Untersuchungen ausschließlich auf Stichprobenbasis durchführbar. Ein Hersteller von Feuerwerkskörpern wird in die Qualitätskontrolle kaum die gesamte Produktion miteinbeziehen. Aber auch dann, wenn eine Erhebung und Aufbereitung der Grundgesamtheit möglich wäre, sprächen die Kostenvorteile einer Stichprobe für sich. Oft ist es ein Irrtum zu glauben, dass die Erhebung von Grundgesamtheiten zu genaueren Ergebnissen führe als die von Stichproben. Ungenauigkeiten bei der Erhebung und Aufbereitung umfangreichen Urmaterials vermögen u. U. gravierender zu sein als Stichprobenfehler. Die Tatsache, dass Stichprobenverfahren nicht überall dort angewendet werden, wo sie sinnvoll sind, liegt wohl darin begründet, dass häufig ein natürliches Widerstreben anzutreffen ist, von einer nur kleinen Auswahl auf die Gesamtheit zu schließen.

Man wird sich leichter entschließen können, Stichprobenfehler zu begehen, wenn der Fehler bei vorgegebenem Sicherheitsgrad berechenbar ist.

Damit haben wir schon eine Thematik angesprochen, die Gegenstand der schließenden Statistik ist. Während wir uns im Teil „Beschreibende Statistik" mit beobachteten Merkmalsausprägungen und deren Verdichtung auseinander setzen werden, haben wir es im Teil „Wahrscheinlichkeitsrechnung und schließende Statistik" mit möglichen Resultaten von Zufallsvorgängen, mit den Gesetzmäßigkeiten von Zufallsvariablen sowie dem Schluss von Stichproben auf Grundgesamtheiten zu tun. Will man eine bestimmte Schätzgenauigkeit erzielen, ist der hierfür erforderliche Stichprobenumfang zu berechnen. Ausgehend von Zufallsstichproben werden wir Schätzwerte und Vertrauensbereiche für unbekannte Parameter (charakteristische Kennzahlen) einer Grundgesamtheit ermitteln sowie Annahmen über Parameter oder Verteilungsgesetze testen.

Teil I:
Beschreibende Statistik

Typisierung und Darstellung von Daten

1

1.1 Querschnittdaten

Querschnittdaten liefern Zustandsbilder, die sich auf einen **bestimmten Beobachtungszeitpunkt** (z. B. Altersstruktur der Beschäftigten eines Betriebes) oder einen ausgewählten **einzelnen Beobachtungszeitraum** (z. B. Umsatzvergleich von Filialen eines Betriebes in einem bestimmten Jahr) beziehen. Veränderungen des Zustands im Zeitablauf interessieren bei Querschnittanalysen nicht.

Als Daten im engeren Sinn verstehen wir **beobachtete Ausprägungen eines Merkmals.** Um einen einheitlichen Darstellungsraster zu erhalten, und auch im Hinblick auf später zu behandelnde statistische Methoden, wollen wir zunächst verschiedene Typen von Merkmalen und deren Skalierung betrachten.

1.1.1 Typisierung und Skalierung

Es gibt diskrete und stetige Merkmale. Ein Merkmal ist dann **diskret,** wenn es nur endlich viele oder abzählbar unendlich viele Ausprägungen annehmen kann. Ausprägungen diskreter Merkmale sind in der Regel exakt bestimmbar. Abgrenzungsschwierigkeiten zu anderen Merkmalsausprägungen treten nicht auf.

Diskrete Merkmale sind z. B. die Anzahl der Studiensemester von Hochschulabgängern, die Anzahl der Begleitpersonen pro Hotelgast, der Familienstand oder die Nationalität.

Ein Merkmal ist dagegen **stetig,** wenn es jeden beliebigen reellen Wert zumindest in einem bestimmten Intervall annehmen, d. h. wenigstens ein Intervall der reellen Zahlengerade ausfüllen kann. Ausprägungen stetiger Merkmale sind nicht mehr abzählbar; sie werden durch Messvorgänge bestimmt und sind genau genommen immer nur Näherungswerte.

© Springer Fachmedien Wiesbaden GmbH, ein Teil von Springer Nature 2020
J. Puhani, *Statistik*, https://doi.org/10.1007/978-3-658-28955-3_2

Man denke z. B. an die Merkmale Entfernung zwischen Wohnung und Arbeitsplatz, Alter, Fettgehalt der Milch, Durchmesser von Eisenstäben oder Reiselänge von Fahrgästen.

Eine Merkmalsausprägung von z. B. 7 km des Merkmals Reiselänge ist bei einer Messgenauigkeit von nur ganzen Kilometern als Intervall zwischen 6,5 und 7,5 km zu verstehen (vgl. Abb. 1.1).

Abb. 1.1 Beispiel für ein stetiges Merkmal

Die Ausprägungen eines Merkmals X symbolisieren wir mit dem Kleinbuchstaben x. Die einzelnen Merkmalsausprägungen (Einzelausprägungen) der n Elemente einer Stichprobe bzw. der N Elemente einer Grundgesamtheit bezeichnen wir mit $x_1, x_2, \ldots, x_n$ bzw. mit $x_1, x_2, \ldots, x_N$

(Betrachtet man gleichzeitig Einzelausprägungen einer Grundgesamtheit und einer Stichprobe, so werden hier (vgl. Kap. 10.2.1) die Einzelausprägungen der Grundgesamtheit ersatzweise mit $a_1, a_2, \ldots, a_N$ symbolisiert).

Befinden sich unter den n Einzelausprägungen der n Elemente nur k verschiedene, so kann die Nummerierung so gewählt werden, dass $x_1, x_2, \ldots, x_k$ gerade diese voneinander verschiedenen Merkmalsausprägungen sind.

Für die Ausprägungen eines Merkmals sind unterschiedliche Maßeinteilungen möglich. So kann z. B. für das Merkmal Körpergröße die Maßeinteilung nach Zentimetern oder nach Kategorien (klein, mittel, groß) erfolgen.

Den Vorgang der Festlegung der Maßeinteilung nennt man **Skalierung**. Man unterscheidet zwischen metrisch, ordinal und nominal skalierten Merkmalen.

Von einem **metrisch** skalierten Merkmal spricht man dann, wenn die Differenzen zwischen jeweils zwei Maßeinheiten an jeder Stelle des angewandten Maßstabs gleich sind, also die Abstände zwischen den Merkmalsausprägungen zum Ausdruck gebracht

Tabelle 1.1 Skalierung und Typisierung

Merkmalstyp	Skalierung		
	metrisch	ordinal	nominal
diskret	Anzahl der Kinder pro Haushalt	Stückleistung pro Arbeiter (unter Norm, Norm, über Norm)	Nationalität
stetig	Alter (in Zeiteinheiten)	Alter (Kind, Jugendlicher, Erwachsener, Greis)	–

werden können (Intervallskala; z. B. Temperatur in Grad Celsius), oder es zusätzlich auch noch möglich ist, in sinnvoller Weise Quotienten zu bilden (Verhältnisskala; z. B. Temperatur in Kelvin). Eine Verhältnisskala hat außer den Eigenschaften einer Intervallskala noch einen absoluten Nullpunkt. 0 Kelvin entsprechen etwa −273 Grad Celsius. Man kann sagen, dass 10 Kelvin doppelt so „warm" sind wie 5 Kelvin, man kann jedoch nicht formulieren, dass 10 Grad Celsius doppelt so warm sind wie 5 Grad Celsius, was etwa 283 bzw. 278 Kelvin entspricht.

Ein Merkmal ist dagegen **ordinal** skaliert, wenn die Merkmalsausprägungen zwar nichts über den Abstand aussagen, jedoch wenigstens in eine Rangordnung zu bringen sind.

Können die Merkmalsausprägungen nicht einmal mehr in eine eindeutige Rangordnung gebracht werden, so ist das Merkmal nur **nominal** skaliert.

Aus der Stetigkeit eines Merkmals folgt, dass die Maßeinteilung zumindest ordinal erfolgen kann: Die Ausprägungen des stetigen Merkmals Temperatur sind bei Kategorisierung sinnvollerweise so anzuordnen, dass eine Rangordnung entsprechend den physikalischen Maßeinheiten erfolgt: kalt, warm, heiß.

Beobachtete Ausprägungen metrisch skalierter Merkmale werden häufig auch als **quantitative,** beobachtete Ausprägungen ordinal und nominal skalierter Merkmale als **qualitative** Daten bezeichnet.

1.1.2 Aufbereitung

Um aus einer gegebenen Menge von Daten den wesentlichen Informationsgehalt herauszufiltern, sind die Merkmalsausprägungen aufzubereiten, d. h. zu **ordnen** und zu **verdichten.** Liegen ordinal oder nominal skalierte Ausprägungen vor, so sind insbesondere dann, wenn maschinenlesbare Datenträger hergestellt werden sollen, die Ausprägungen zunächst zu codieren.

Der Vorgang des Ordnens und der Verdichtung sei an folgendem kleinen **Zahlenbeispiel** (Tabelle 1.2–1.4) verdeutlicht: Im Rahmen einer Rationalisierungsuntersuchung wurden 80 zufällig ausgewählte Versicherungsanträge gleichen Typs nach ihrer Bearbeitungsdauer (in Minuten) untersucht.

Die in Tabelle 1.2 aufgeführte Urliste gibt die ungeordneten Einzelausprägungen wieder. Einzelausprägungen metrisch skalierter Merkmale werden auch als Einzelwerte bezeichnet. Die Urliste lässt weder eine zentrale Tendenz der Daten offenbar werden noch ist es möglich, die Variabilität der Merkmalsausprägungen zu erkennen.

Tabelle 1.2 Urliste

52	45	59	32	46	48	30	53	44	44	58	46	40	37	54	43	39	35	55	44
47	50	46	40	29	48	37	42	38	53	40	43	52	58	38	45	42	41	57	55
53	39	47	56	45	42	30	47	48	61	50	47	44	33	43	49	49	33	42	51
55	40	35	44	54	35	41	46	51	37	38	48	45	57	46	56	49	50	43	41

Tabelle 1.3 Häufigkeitsverteilung

Bearbeitungsdauer (Minuten)	Absolute Häufigkeit	Relative Häufigkeit
29	1	0,0125
30	2	0,025
32	1	0,0125
33	2	0,025
35	3	0,0375
37	3	0,0375
38	3	0,0375
39	2	0,025
40	4	0,05
41	3	0,0375
42	4	0,05
43	4	0,05
44	5	0,0625
45	4	0,05
46	5	0,0625
47	4	0,05
48	4	0,05
49	3	0,0375
50	3	0,0375
51	2	0,025
52	2	0,025
53	3	0,0375
54	2	0,025
55	3	0,0375
56	2	0,025
57	2	0,025
58	2	0,025
59	1	0,0125
61	1	0,0125
Summe	**80**	**1**

In Tabelle 1.3 haben wir die sich unterscheidenden Merkmalsausprägungen der Urliste aufgeführt und der Größe nach geordnet. Außerdem wurde durch Auszählen die Häufigkeit des Auftretens der jeweils gleichen Merkmalsausprägung ermittelt.

Bei stetigen, metrisch skalierten Merkmalen wird es von der Messgenauigkeit abhängen, ob die Merkmalsausprägungen alle verschieden sind oder mehr oder minder gehäuft auftreten.

Die Zuordnung von Häufigkeiten zu den k verschiedenen Merkmalsausprägungen nennt man **Häufigkeitsverteilung** (vgl. Tabelle 1.3). Die Häufigkeitsverteilung gewinnt an Übersichtlichkeit, wenn man die Merkmalsausprägungen diskreter, metrisch skalierter Merkmale zu Klassen zusammenfasst bzw. bei stetigen, metrisch skalierten Merkmalen die Klassen vergröbert (vgl. Tabelle 1.4). Die Wahl der Klassenanzahl und jeweiligen Klassenbreite wird u. a. (vgl. Kapitel 1.1.4) davon abhängen, auf wieviel (unnötige) Information verzichtet werden kann.

Tabelle 1.4 Häufigkeitsverteilung nach vergröberter Klassenbildung

Klassenmitte (Minuten)	Klassenintervall (Minuten)	Absolute Häufigkeit	Relative Häufigkeit
30	27,5–32,5	4	0,05
35	32,5–37,5	8	0,1
40	37,5–42,5	16	0,2
45	42,5–47,5	22	0,275
50	47,5–52,5	14	0,175
55	52,5–57,5	12	0,15
60	57,5–62,5	4	0,05
Summe		**80**	**1**

Der Merkmalsausprägung x_i ($i = 1, \ldots, k$) oder der Klasse mit der Nr. i ($i = 1, \ldots, k$) können folgende Häufigkeiten zugeordnet werden:

- die **absolute** Häufigkeit: n_i ;
- die **relative** Häufigkeit: $\frac{n_i}{n}$;
- die **prozentuale** Häufigkeit: $\frac{n_i}{n} 100$ [%].

Die stärkste Form der Verdichtung ist die Berechnung statistischer Maßzahlen, auf die erst auf der nächsten Seite eingegangen wird.

Da die Methodik der Verdichtung und Darstellung von Daten weitgehend unabhängig davon ist, ob eine Stichproben- oder Totalerhebung vorliegt, beschränken wir uns im

Teil „Beschreibende Statistik" im Wesentlichen auf die Stichprobensymbolik. Außerdem werden wir sehen, dass man Wahrscheinlichkeitsverteilungen (vgl. Kap. 9) als Verteilungen für Grundgesamtheiten betrachten kann.

1.1.3 Graphische Darstellungen von Häufigkeitsverteilungen diskreter Merkmale

Auf der waagerechten Achse werden die Merkmalsausprägungen, auf der senkrechten Achse die jeweils zugeordneten Häufigkeiten abgetragen.

Ist das betrachtete **diskrete** Merkmal **metrisch** skaliert, so verwende man ein **Liniendiagramm** (vgl. Abb. 1.2).

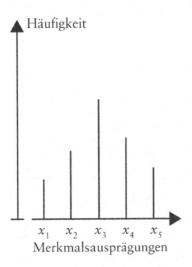

Abb. 1.2 Liniendiagramm

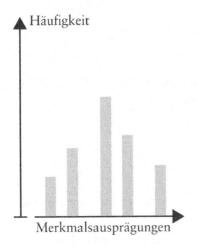

Abb. 1.3 Streifendiagramm

Ist dagegen das betrachtete **diskrete** Merkmal **ordinal** oder **nominal** skaliert, so verwende man ein **Streifendiagramm**. Gleicher Abstand der Streifen bedeutet dann nicht Gleichabständigkeit der Merkmalsausprägungen. Die Streifen können auch in ungleichmäßigen Abständen abgetragen sein (vgl. Abb. 1.3).

Die Längen der Linien bzw. Streifen sind den Häufigkeiten proportional.

1.1.4 Graphische Darstellung von Häufigkeitsverteilungen stetiger Merkmale

Ein **Histogramm** besteht aus unmittelbar aneinander angrenzenden Rechtecken. Die jeweiligen Rechtecksgrenzen befinden sich in der Regel eine halbe Maßeinheit links und rechts des Messwertes. Die Darstellung bringt zum Ausdruck, dass jede Merkmalsausprägung eines stetigen Merkmals als **Intervall** verstanden wird (vgl. Abb. 1.1 und 1.4).

Das eigentliche Charakteristikum eines Histogramms besteht darin, dass die Flächen der einzelnen Rechtecke den Häufigkeiten proportional sind. Werden relative Häufigkeiten abgetragen, so ist die Gesamtfläche des Histogramms gleich 1.

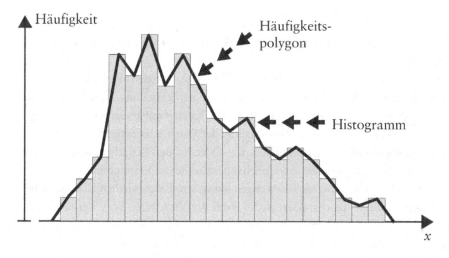

Abb. 1.4 Histogramm und Häufigkeitspolygon

Bei gleichen Rechtecksbreiten, d. h. einheitlicher Klassenbreite, ist allerdings die Maßzahl der Rechteckshöhe der Maßzahl der Rechtecksfläche proportional.

In Abb. 1.5 ist die Häufigkeitsverteilung des Merkmals Bearbeitungsdauer von Versicherungsanträgen eines bestimmten Typs (vgl. Tabelle 1.4) nach vergröberter Klassenbildung dargestellt. Auf der x-Achse können entweder die Klassengrenzen oder die Klassenmitten abgetragen werden. Die sich aus den jeweiligen Klassenunter- und -obergrenzen ergebenden Klassenmitten sind nicht mit den tatsächlichen Mittelwerten der einzelnen Klassen zu verwechseln.

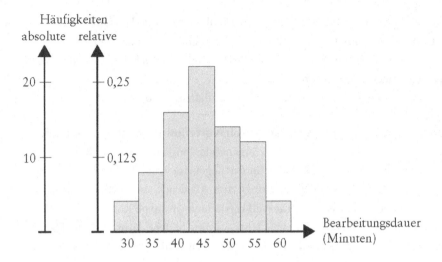

Abb. 1.5 Häufigkeitsverteilung (zu Tabelle 1.4)

Bezüglich der Anzahl und damit der Breite der Klassen gibt es keine exakten Regeln, obwohl in der statistischen Literatur eine Anzahl von Klassen empfohlen wird, die zwischen 5 und 20 liegt.

Allgemein sollte bei der Klasseneinteilung das Ziel verfolgt werden, die Struktur der Untersuchungsgesamtheit, d.h. die charakteristische Form der Verteilung, zum Ausdruck zu bringen. Im Allgemeinen wird man zwar bestrebt sein, Klassen mit konstanter Klassenbreite zu bilden, dennoch kann es bei großer Streuung der Daten oder Schiefe der Verteilung sinnvoll sein, unterschiedliche Klassenbreiten zu wählen. In den Bereichen, in denen eine Häufung von Beobachtungswerten zu verzeichnen ist, sollte die Klassenbreite kleiner sein als in Randbereichen, die geringere Besetzungen aufweisen. Bei zu kleinen Klassenbreiten stören zufällige Einflüsse die charakteristische Form der Verteilung. Bei zu großen Klassenbreiten geht spezifische Information verloren. Es sollten keine Klassen gebildet werden, die keine Besetzung aufweisen. Bei entsprechender Besetzung sollten die Klassengrenzen so gesetzt werden, dass die einfallenden Beobachtungen näherungsweise gleichverteilt sind, also die Klassenmitten die Niveaulage der Daten innerhalb der Klassen repräsentieren.

Unterschiedliche Klassenbreiten sind durch entsprechende Abstände auf der x-Achse erkennbar zu machen. Bei unterschiedlichen Klassenbreiten sind die Häufigkeiten auf ein Einheitsintervall zu beziehen, d.h. auf die Bezugsklassenbreite umzurechnen. Beispiel:

Tabelle 1.5 Reiselänge von Fahrgästen eines öffentlichen Nahverkehrsbetriebs

Reiselänge (km)	0–1	1–2*	2–3	3–4	4–5	5–7	7–10	10–15
Relative Häufigkeit	0,03	0,12	0,24	0,20	0,15	0,12	0,09	0,05

*1–2 heißt: „über 1 bis einschließlich 2"

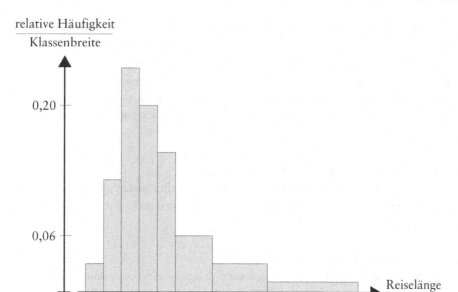

Abb. 1.6 Relative Häufigkeitsdichte

Den Ausdruck $\frac{\text{Häufigkeit}}{\text{Klassenbreite}}$ nennt man auch Häufigkeitsdichte. Bei Histogrammen mit unterschiedlicher Klassenbreite ist also die Häufigkeitsdichte die Maßzahl für die Rechteckshöhe. Die Fläche eines jeden Rechtecks entspricht der jeweiligen Klassenhäufigkeit. Die Häufigkeitsdichte von 0,06 über der Klasse 5–7 kann in unserem Beispiel so interpretiert werden, dass (näherungsweise) 6 v. H. der Fahrgäste eine Reiselänge zwischen 5 und 6 km sowie 6 v. H. der Fahrgäste eine Reiselänge von 6 bis 7 km hatten.

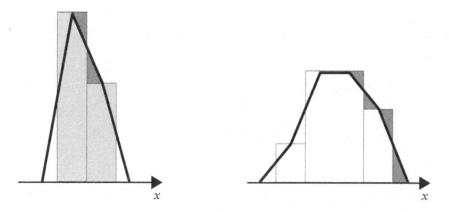

Abb. 1.7 Polygonzug bei gleichen und ungleichen Klassenbreiten

Alternativ oder als Ergänzung zum Histogramm kann ein **Häufigkeitspolygon** konstruiert werden.

Ein Häufigkeitspolygon kann man aus einem Histogramm dadurch gewinnen, dass man die Mitten der oberen Rechtecksbegrenzungen linear miteinander verbindet (vgl. Abb. 1.4). Durch die lineare Verbindung auch zu den Mitten der leeren Randklassen erreicht man, dass die Gesamtfläche unter dem Polygonzug der Fläche des Histogramms entspricht (vgl. flächengleiche Dreiecke in Abb. 1.7).

1.1.5 Sonderformen der graphischen Darstellung
Neben den grundsätzlichen Darstellungsrastern bei Querschnittdaten gibt es eine Reihe von anschaulichen Varianten bzw. Sonderformen, die es gestatten, statistische Darstellungen abwechslungsreicher zu gestalten.

1.1.5.1   Kreisdiagramm
Die vorgegebene Gesamtfläche des Kreises wird derart in Kreisausschnitte aufgeteilt, dass deren Flächen den absoluten oder relativen Häufigkeiten proportional sind.

Der Einfachheit halber teilen wir den Kreis nicht in 360°, sondern in 100° ein (vgl. Abb. 1.8 und 1.9). Konstruiert man einen Kreissektor mit einem Winkel von z. B. 7,4° bei

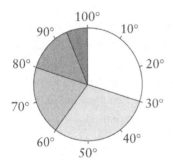

Abb. 1.8   100°-Kreis

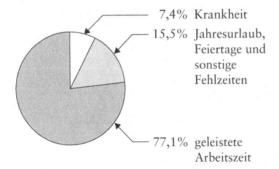

7,4% Krankheit

15,5% Jahresurlaub, Feiertage und sonstige Fehlzeiten

77,1% geleistete Arbeitszeit

Abb. 1.9   Kreisdiagramm: Arbeits- und Ausfallzeit der Gesamtbelegschaft

100°-Einteilung, so erhält man direkt 7,4 % der Gesamtfläche. Falls kein PC-Programm zur Verfügung stünde, müssten die 7,4° bei 100°-Einteilung (durch einen Dreisatz) auf das herkömmliche Winkelmaß umgerechnet werden:

$$7,4°: 100° = \varphi: 360°.$$

$$\varphi = \frac{7,4 \cdot 360}{100} = 26,6°.$$

1.1.5.2 Staffelbild, Piktogramm, Körperdiagramm

Anstelle von Kreisdiagrammen werden auch Staffelbilder verwendet (vgl. Abb. 1.10). Bei Piktogrammen wird die Häufigkeit entweder durch die Fläche oder durch eine entsprechende Anzahl gleich großer Bildsymbole repräsentiert (vgl. Abb. 1.11).

Bei Körperdiagrammen sollen die Häufigkeiten den Rauminhalten proportional sein (vgl. Abb. 1.12 und 1.13).

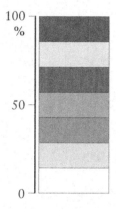

Abb. 1.10 Staffelbild

Abb. 1.11 Piktogramme

Ausländische Mitarbeiter

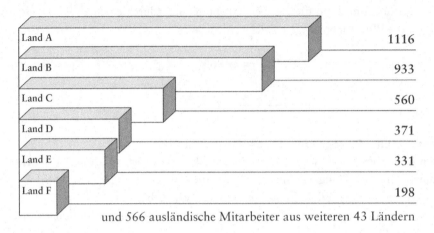

Abb. 1.12   Säulendiagramm

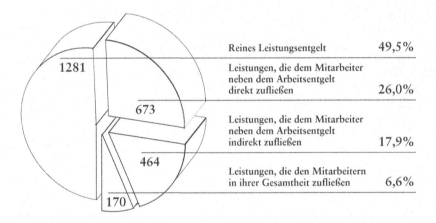

Abb. 1.13   Tortendiagramm

1.1.6 Summenhäufigkeitsfunktion

Ausgehend von Tabelle 1.4 ergibt sich durch Aufsummieren (Kumulieren) der absoluten Häufigkeiten der ersten und zweiten Klasse, dass 12 der 80 Versicherungsanträge eine Bearbeitungsdauer von höchstens 37,5 Minuten hatten. Durch fortlaufendes Aufsummieren der absoluten oder relativen Häufigkeiten erhält man die Summenhäufigkeiten (vgl. Tabelle 1.6).

Ist z. B. nur Tabelle 1.4 gegeben, d. h. fehlt die Urliste und sind die Merkmalsauspägungen in Klassen eingeteilt, so sind nur die Summenhäufigkeiten an den oberen Klassengrenzen gegeben. Ordnet man der jeweiligen oberen Klassengrenze die zugehörige Summenhäufigkeit zu (vgl. Tabelle 1.6), erhält man eine Summenhäufigkeitsfunktion.

Tabelle 1.6 Ermittlung der Summenhäufigkeit

Bearbeitungsdauer (Minuten)	Absolute Summenhäufigkeit	Relative Summenhäufigkeit
höchstens 27,5	0	0
höchstens 32,5	4	0,05
höchstens 37,5	12	0,15
höchstens 42,5	28	0,35
höchstens 47,5	50	0,625
höchstens 52,5	64	0,80
höchstens 57,5	76	0,95
höchstens 62,5	80	1

Bei stetigen Merkmalen – aber auch bei klassierten diskreten, sofern sie metrisch skaliert sind – approximiert man den Verlauf der Summenhäufigkeiten zwischen den Klassengrenzen durch eine Gerade (lineare Interpolation).

Eine Summenhäufigkeitsfunktion gibt allgemein die Anzahl bzw. den Anteil derjenigen Untersuchungseinheiten an, die eine Merkmalsausprägung von höchstens x haben.

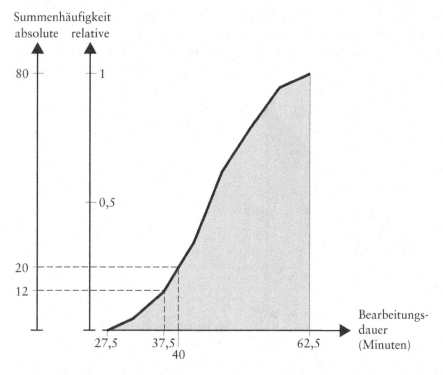

Abb. 1.14 Summenhäufigkeitsfunktion

Die in Abb. 1.14 hervorgehobenen Punkte sagen also aus, dass 12 der 80 Versicherungsanträge eine Bearbeitungsdauer von höchstens 37,5 Minuten und 20 Versicherungsanträge eine Bearbeitungsdauer von höchstens 40 Minuten hatten. Die Summenhäufigkeit
20 bzw. die Bearbeitungsdauer 40 Minuten sind durch lineare Interpolation gefundene
Schätzwerte.

Bei einem diskreten Merkmal, das metrisch skaliert und nicht klassiert ist, erhält man
als Summenhäufigkeitsfunktion eine Treppenkurve. Zur Veranschaulichung betrachte
man Aufgabe 2b) bei den **Aufgaben zur Selbstkontrolle** auf S. 80 sowie Abb. 9.3 und 9.4
in Kap. 9.2. Würde es sich bei Abb. 9.3 um eine beobachtete Häufigkeitsverteilung eines
diskreten, metrisch skalierten Merkmals handeln, so gäbe Abb. 9.3 die zugehörige Summenhäufigkeitsfunktion an.

1.1.7 Konzentrationskurve

Beobachtet man an Merkmalsträgern ein metrisch skaliertes Merkmal mit nur positiven
Ausprägungen, so kann man sich dafür interessieren, die Konzentration, d. h. die **Stärke
der Ungleichheit** in der Verteilung der Merkmalssumme (Summe der Einzelwerte) auf
die Merkmalsträger zum Ausdruck zu bringen.

Die am häufigsten anzutreffende Darstellung einer Konzentrationskurve ist die nach
dem amerikanischen Statistiker M. O. Lorenz benannte **Lorenzkurve.**

Eine Lorenzkurve erhält man dadurch, dass man die nach zunehmender Größe der
Merkmalsausprägungen geordneten relativen oder prozentualen Häufigkeiten aufsum-
miert (kumuliert) und man diesen Summenhäufigkeiten jeweils die kumulierten Anteile
der Merkmalssumme zuordnet. Im Gegensatz zur bisher geübten Darstellungsweise

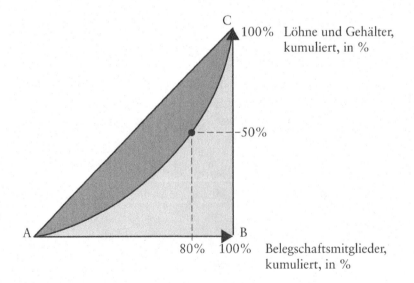

Abb. 1.15 Konzentrationskurve (Lorenzkurve)

werden die Summenhäufigkeiten auf der Abszisse und die kumulierten Anteile der Merkmalssumme auf der Ordinate abgetragen.

Es mag uns z. B. die personelle Einkommensverteilung der Belegschaftsmitglieder, d. h. die Frage interessieren, wieviel Prozent der Belegschaftsmitglieder wieviel Prozent der Lohn- und Gehaltssumme erhalten.

Würde von z. B. 100 Belegschaftsmitgliedern jedes den gleichen Lohn (eine Geldeinheit) beziehen, würden auf 1 % der Belegschaftsmitglieder 1 % der Lohn- und Gehaltssumme, auf 50 % der Belegschaftsmitglieder 50 % der Lohn- und Gehaltssumme kommen, sich also bei der Verbindung aller Punkte die Gleichverteilungsgerade $\overline{AC}$ in Abb. 1.15 ergeben. Würden 99 Belegschaftsmitglieder gar keinen Lohn oder kein Gehalt und einer die gesamte Lohn- und Gehaltssumme von 100 Geldeinheiten erhalten, so würde man nur Punkte auf der Strecke $\overline{AB}$ und den Punkt C bekommen. Tatsächliche Konzentrationskurven werden also zwischen diesen beiden Extremfällen liegen (vgl. schematische Darstellung in Abb. 1.15). Der hervorgehobene Punkt besagt, dass 80 % der Belegschaftsmitglieder 50 % der Lohn- und Gehaltssumme beziehen. Die übrigen 50 % sind in den Händen von 20 % der Belegschaftsmitglieder konzentriert.

Als Maß für die Stärke der Konzentration kann man das Verhältnis der dunkel markierten Fläche zur Gesamtfläche des Dreiecks (vgl. Abb. 1.15 und 1.16) heranziehen. Diese Maßzahl kann dann nur Werte zwischen 0 und 1 annehmen. Je näher sie bei 1 liegt, desto stärker ist die Konzentration. Für das Beispiel in Tabelle 1.7 ist die Konzentrationskurve in Abb. 1.16 dargestellt.

Tabelle 1.7 Beispiel zur Konstruktion einer Konzentrationskurve

	Belegschaftsmitglieder mit einem Jahreslohn bzw. -gehalt (1000 EUR)					Summe
	bis 20	über 20 bis 25	über 25 bis 30	über 30 bis 40	über 40	
Anzahl der Belegschaftsmitglieder	15	25	30	20	10	100
Löhne und Gehälter (1000 EUR)	230	558	822	720	750	3080
Anteil der Belegschaftsmitglieder (%)	15	25	30	20	10	100
Anteil der Löhne und Gehälter (%)	7,5	18,1	26,7	23,4	24,4	100,1
Kumulierter Anteil der Belegschaftsmitglieder (%)	15	40	70	90	100	
Kumulierter Anteil der Löhne und Gehälter (%)	7,5	25,6	52,3	75,7	100,1	

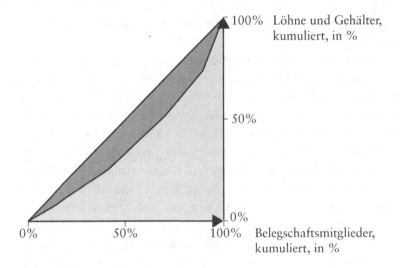

Abb. 1.16   Konzentrationskurve (zu Tabelle 1.7)

1.2 Längsschnittdaten

Im Folgenden werden Merkmalsausprägungen im **Zeitablauf** betrachtet. Um Veränderungen im Zeitablauf zu verfolgen, werden Daten über denselben Sachverhalt für eine Reihe von meist gleichabständigen Zeitpunkten bzw. Zeiträumen erhoben. Auf diese Weise erhält man **Zeitreihen.**

Bei der Darstellung von Zeitreihen ist darauf zu achten, dass sich bestimmte Daten immer auf Zeitpunkte, andere immer auf Zeiträume beziehen. Eine Gesamtheit von Elementen, die jeweils nur für einen bestimmten Zeitpunkt definiert ist, z. B. die Anzahl der Beschäftigten eines Betriebs, nennt man **Bestandsmasse.** Die Anzahl der Beschäftigten kann man als Merkmal auffassen, das in einer Abfolge von Zeitpunkten Merkmalsausprägungen annimmt. Man erhält dann eine Zeitreihe von Bestandsdaten.

Eine Gesamtheit von Elementen, die für einen bestimmten Zeitraum definiert ist, z. B. Zu- und Abgänge von Beschäftigten oder Umsätze, nennt man **Bewegungsmasse.** Betrachten wir Zugänge, Abgänge oder Umsätze als Merkmale und beobachten deren Ausprägungen in chronologischer Reihenfolge, so erhalten wir Zeitreihen von Strömungsdaten.

1.2.1 Zeitreihen für Bestandsmassen

In Abb. 1.17 und 1.18 sind Zeitreihen für Bestandsmassen durch ein Zeitreihenpolygon bzw. ein Streifendiagramm wiedergegeben. Da die Zeitachse in **Zeitpunkte** unterteilt und metrisch skaliert ist, wäre streng genommen nicht ein Streifen-, sondern ein Liniendiagramm die adäquate Darstellung (vgl. Kapitel 1.1.3), worauf jedoch aus optischen Gründen oft verzichtet wird.

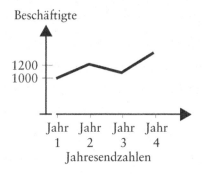

Abb. 1.17   Zeitreihenpolygon

Abb. 1.18   Streifendiagramm

Bei Bestandsmassen ist das Zeitreihenpolygon auch zwischen den Eckpunkten interpretierbar. Bei linearer Interpolation wird allerdings unterstellt, dass sich die Veränderung der Bestandsmasse gleichmäßig vollzog.

1.2.2 Zeitreihen für Bewegungsmassen

Bei der Darstellung von Zeitreihen für Bewegungsmassen sollte man die Zeitachse in **Zeitfelder** unterteilen. Als Darstellungsart können Zeitreihenpolygone oder aneinander angrenzende Rechtecke gewählt werden (vgl. Abb. 1.19 und 1.20).

Auf verschiedene Möglichkeiten, Zeitreihen als Struktur- oder Körperdiagramme darzustellen, wird hier nicht eingegangen.

Die Punkte auf den Strecken zwischen den Eckpunkten des Zeitreihenpolygons erlauben hier keine Interpretation wie bei Bestandsmassen. Die Verbindungslinie zwischen den Eckpunkten gibt bei Strömungsdaten lediglich die tendenzielle Entwicklung zwischen den einzelnen Zeiträumen an.

Häufig wird auch bei Zeitreihenpolygonen für Bewegungsmassen die Zeitachse in Zeitpunkte unterteilt. Dann müssen jedoch Zeitintervalle (z. B. Jahre, Quartale, Monate) durch Punkte repräsentiert werden.

Umweltschutzaufwendungen
(in Mio. EUR)

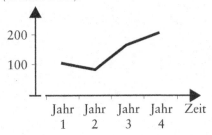

Abb. 1.19   Zeitreihenpolygon

Umweltschutzaufwendungen
(in Mio. EUR)

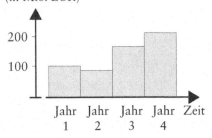

Abb. 1.20   Rechteckdiagramm

Mittelwerte

In Kapitel 1.1.2 haben wir uns bereits mit der Verdichtung von Daten beschäftigt und darauf hingewiesen, dass die stärkste Form der Verdichtung die Berechnung statistischer Maßzahlen ist. Zu diesen gehören auch Mittelwerte. Mittelwerte sind Maßzahlen für die zentrale Tendenz von Daten. In den folgenden Abschnitten werden arithmetisches Mittel, Zentralwert, häufigster Wert, geometrisches und harmonisches Mittel behandelt.

2.1 Arithmetisches Mittel

Das arithmetische Mittel ist sinnvollerweise nur anzuwenden bei metrisch skalierten Merkmalen (Intervall- oder Verhältnisskala).

Das **Symbol** für das arithmetische Mittel ist

- μ, falls es sich um das Mittel einer Grundgesamtheit,
- $\bar{x}$, falls es sich um das Mittel einer Stichprobe handelt.

2.1.1 Einfaches arithmetisches Mittel (Arithmetisches Mittel bei Einzelwerten)

Gegeben seien folgende Einzelwerte x_i ($i = 1, \ldots, n$):

$$3; 3; 8; 4; 5; 5; 8; 6; 6; 4; 5; 4; 7; 6; 5; 6; 5; 5; 7; 5.$$

Als arithmetisches Mittel ergibt sich

$$\bar{x} = \frac{3 + 3 + 8 + \cdots + 5}{20} = 5{,}35.$$

Allgemein gilt:

© Springer Fachmedien Wiesbaden GmbH, ein Teil von Springer Nature 2020
J. Puhani, *Statistik*, https://doi.org/10.1007/978-3-658-28955-3_3

$$\bar{x} = \frac{x_1 + x_2 + \cdots + x_n}{n} = \frac{\sum\limits_{i=1}^{n} x_i}{n} = \frac{1}{n} \sum_{i=1}^{n} x_i. \tag{2.1}$$

Die **Summe der Abweichungen** der Merkmalsausprägungen vom arithmetischen Mittel ist Null:

$$\sum_{i=1}^{n} (x_i - \bar{x}) = 0.$$

Die **Summe der quadrierten Abweichungen** der Merkmalsausprägungen vom **arithmetischen Mittel** ist ein Minimum, d. h. kleiner als von irgendeinem anderen Wert:

$$\sum_{i=1}^{n} (x_i - \bar{x})^2 = \text{Min.}$$

Ausgehend von den 80 Messwerten der Tabelle 1.2 ergibt sich ein arithmetisches Mittel von 45,3125 [Minuten]. Im Durchschnitt benötigt man also rund 45,3 Minuten für die Bearbeitung eines Versicherungsantrags. Multipliziert man $\bar{x}$ mit der Anzahl der Messwerte in der Urliste (Anzahl der Elemente in der Stichprobe) n, so erhält man die Gesamtbearbeitungsdauer für alle 80 untersuchten Versicherungsverträge. Da es sich bei der Bearbeitungsdauer um ein stetiges Merkmal handelt, sind die Einzelwerte der Tabelle 1.2 keine exakten Werte, sondern quasi Klassenmitten (vgl. Kap. 2.1.3). Man verwendet bei Einzelwerten jedoch trotzdem obige Symbolik.

2.1.2 Gewogenes arithmetisches Mittel (Arithmetisches Mittel bei einer Häufigkeitsverteilung)

Sind die Einzelwerte bereits zu einer Häufigkeitsverteilung aufbereitet, vereinfacht sich zumindest bei einer großen Anzahl sich wiederholender Merkmalsausprägungen die Berechnung des arithmetischen Mittels. Anstatt gleiche Merkmalsausprägungen mehrmals zu addieren, gewichtet man sich unterscheidende Merkmalsausprägungen x_i ($i = 1, \ldots, k$) mit der jeweiligen Häufigkeit des Auftretens n_i:

x_i	3	4	5	6	7	8
n_i	2	3	7	4	2	2

$$\bar{x} = \frac{3 \cdot 2 + 4 \cdot 3 + 5 \cdot 7 + 6 \cdot 4 + 7 \cdot 2 + 8 \cdot 2}{20} = 5,35.$$

Das arithmetische Mittel 5,35 ist – in Analogie zur Mechanik – der Schwerpunkt obiger Häufigkeitsverteilung.

Allgemein gilt:

$$\bar{x} = \frac{x_1 n_1 + x_2 n_2 + \cdots + x_k n_k}{n} = \frac{1}{n} \sum_{i=1}^{k} x_i n_i = \sum_{i=1}^{k} x_i \frac{n_i}{n}. \tag{2.2}$$

2.1.3 Arithmetisches Mittel für klassierte Merkmalsausprägungen

Liegt metrisch skaliertes Datenmaterial nur in Form einer durch Klassenbildung gegebenen oder verdichteten Häufigkeitsverteilung vor, so sind lediglich die Klassenmitten bzw. Klassengrenzen und die Klassenhäufigkeiten (Besetzungszahlen der Klassen) bekannt.

Zur Berechnung des arithmetischen Mittels behelfen wir uns mit der Annahme, dass alle Merkmalsausprägungen einer jeden Klasse genau in der Mitte zwischen unterer und oberer Klassengrenze liegen bzw. die Merkmalsausprägungen jeder Klasse symmetrisch um die von uns angenommenen Klassenmitten verteilt sind.

Aus der in Tabelle 1.4 dargestellten Häufigkeitsverteilung ergibt sich:

$$\bar{x} \approx \frac{30 \cdot 4 + 35 \cdot 8 + \cdots 60 \cdot 4}{80} = 4{,}375 \text{ [Minuten] bzw.}$$

$$\bar{x} \approx 30 \cdot 0{,}05 + 35 \cdot 0{,}1 + \cdots + 60 \cdot 0{,}05 = 4{,}375 \text{ [Minuten]}.$$

Allgemein gilt:

$$\bar{x} \approx \frac{1}{n} \sum_{i=1}^{k} x_i^* n_i = \sum_{i=1}^{k} x_i^* \frac{n_i}{n}, \tag{2.3}$$

wobei x_i^* die Klassenmitte der Klasse Nr. i und n_i bzw. $\frac{n_i}{n}$ die absolute bzw. relative Klassenhäufigkeit der i-ten Klasse darstellen.

2.2 Zentralwert (Median)

Bei der Berechnung des arithmetischen Mittels können Ausreißer – insbesondere bei einer kleinen Anzahl von Elementen – zu einer Verzerrung des Ergebnisses führen.

Soll z. B. aus folgenden monatlichen Auftragseingängen (in Mio. EUR) 2,0; 1,2; 1,2; 2,4; 1,9; 1,5; 1,4; 1,5; 2,4; 2,3; 16,2; 2,0 der durchschnittliche monatliche Auftragseingang berechnet werden, so ergibt sich als arithmetisches Mittel $\bar{x} = 3{,}0$ [Mio. EUR], was dem üblichen monatlichen Auftragseingang nicht entspricht. Bei einem öffentlichen Nahverkehrsbetrieb mag z. B. die durchschnittliche Reiselänge der Fahrgäste mit 6 km angegeben sein (arithmetisches Mittel). Dennoch wäre es denkbar, dass 50 % aller Fahrgäste höchstens 4 km gefahren sind, was sich auch aus folgendem kleinen Zahlenbeispiel konstruieren lässt:

$$x_i \text{ (km): 2; 2; 4; 4; 4; 5; 5; 14; 14.}$$

$$\bar{x} = 6 \text{ [km].}$$

Bei Vorhandensein von Ausreißern oder stark asymmetrischen Verteilungen sollte man, um Zerrbilder bei der Durchschnittsberechnung zu vermeiden, zumindest als Ergänzung zum arithmetischen Mittel den Zentralwert (Median) angeben.

Der **Zentralwert** ZW ist diejenige Merkmalsausprägung, die in der Mitte der in eine Rangfolge gebrachten Einzelausprägungen steht. In letzterem Beispiel ist der Zentralwert ZW = 4 [km].

Im ersten Beispiel – bei einer geraden Anzahl von Einzelausprägungen – berechnen wir nach erfolgter Ordnung der Daten (1,2; 1,2; 1,4; 1,5; 1,5; 1,9; 2,0; 2,0; 2,3; 2,4; 2,4; 16,2) zwei Zentralwerte: $ZW_1 = 1{,}9$ [Mio. EUR] und $ZW_2 = 2{,}0$ [Mio. EUR]. Will man nur einen – dann allerdings theoretischen – Zentralwert angeben, ergäbe sich als arithmetisches Mittel aus ZW_1 und ZW_2 1,95 [Mio. EUR].

Ist die Anzahl der Elemente n **ungerade,** so liegt ZW an der Stelle (Ordnungsnummer) $\frac{n+1}{2}$. Ist n **gerade und nicht sehr groß**, so liegt ZW_1 an der Stelle $\frac{n}{2}$ und ZW_2 an der Stelle $\frac{n}{2} + 1$. Bei einer **großen Anzahl** von Elementen genügt es, die Ordnungsnummer des Zentralwerts mit $\frac{n}{2}$ anzugeben.

Die Ordnungsnummer darf nicht mit dem Wert des Medians verwechselt werden. Grob gesprochen kann man sagen, dass der Zentralwert die kleineren 50 % der Einzelausprägungen von den größeren 50 % trennt. Daher lässt sich bei gegebener Summenhäufigkeitsfunktion der Zentralwert graphisch leicht dadurch ermitteln oder schätzen, dass man die zur relativen Summenhäufigkeit von 0,5 zugehörige Merkmalsausprägung sucht (vgl. Abb. 1.14).

In einer durch ein Histogramm dargestellten Häufigkeitsverteilung liegt der Zentralwert ZW am Schnittpunkt der x-Achse mit derjenigen Parallelen zur senkrechten Achse, die die Fläche des Histogramms in zwei gleich große Teilflächen zerlegt.

Während das arithmetische Mittel nur bei metrisch skalierten Merkmalen verwendet werden kann, ist der Zentralwert auch bei einer Ordinalskala sinnvoll anwendbar.

2.3 Häufigster Wert (Modus)

Um bei annähernd symmetrischen Verteilungen ohne Rechenarbeit rasch eine Maßzahl für die zentrale Tendenz zu erhalten, kann man den häufigsten Wert bestimmen oder aus der Häufigkeitsverteilung ablesen. Der häufigste Wert ist diejenige Merkmalsausprägung, die am häufigsten vorkommt.

Er ist bei allen Skalenniveaus anwendbar; bei nominal skalierten Merkmalen ist der häufigste Wert die einzig sinnvolle Maßzahl für die zentrale Tendenz.

2.4 Geometrisches Mittel

Das geometrische Mittel

$$GM = \sqrt[n]{x_1 \cdot x_2 \cdot \ldots \cdot x_n} \tag{2.4}$$

wird in der Wirtschaftsstatistik hauptsächlich zur Berechnung durchschnittlicher Wachstumsfaktoren bei Zeitreihenuntersuchungen angewendet. Skalenanforderung: Verhältnisskala; $x_i > 0$ ($i = 1, \ldots, n$).

Tabelle 2.1 Wachstumsraten und Wachstumsfaktoren

Jahr	Absatzmenge (Stückzahl)	Wachstumsrate	Wachstumsfaktor
0	1000		
1	1200	0,2	1,2
2	1080	−0,1	0,9
3	1350	0,25	1,25
4	1512	0,12	1,12

Es wäre falsch, zur Ermittlung des durchschnittlichen Wachstumsfaktors das arithmetische Mittel

$$\bar{x} = \frac{1{,}2 + 0{,}9 + 1{,}25 + 1{,}12}{4} = 1{,}1175$$

zu berechnen. Wenn man die Ausgangsmenge von 1000 Stück nicht sukzessive mit den einzelnen jährlichen Wachstumsfaktoren, sondern jeweils immer mit dem Faktor 1,1175 multiplizierte, käme man nach vier Jahren nicht auf 1512 Stück. Fragt man aber nach dem durchschnittlichen Wachstumsfaktor, ist der in allen vier Jahren gleiche Wachstumsfaktor gemeint, welcher die Absatzmenge nach Ablauf von vier Jahren auf den Stand von 1512 Stück gebracht hätte.

Der tatsächliche **durchschnittliche Wachstumsfaktor** ist vielmehr als geometrisches Mittel der vier einzelnen Wachstumsfaktoren zu berechnen:

$$GM = \sqrt[4]{1{,}2 \cdot 0{,}9 \cdot 1{,}25 \cdot 1{,}12} \approx 1{,}1089.$$

Die **durchschnittliche Wachstumsrate** erhalten wir dadurch, dass wir vom durchschnittlichen Wachstumsfaktor die Zahl 1 abziehen:

Durchschnittliche Wachstumsrate = 1,1089 − 1 = 0,1089, also 10,89 %.

Wesentlich rascher hätten wir den durchschnittlichen Wachstumsfaktor wie folgt berechnen können:

$$GM = \sqrt[n]{\frac{\text{Endniveau}}{\text{Anfangsniveau}}}, \qquad (2.5)$$

wobei n hier die Anzahl der Wachstumsperioden angibt.

Dies kann leicht dadurch einsichtig gemacht werden, dass wir anstelle der Wachstumsfaktoren die jeweiligen Quotienten der Absatzmengen einsetzen und schließlich kürzen:

$$GM = \sqrt[4]{\frac{1200 \cdot 1080 \cdot 1350 \cdot 1512}{1000 \cdot 1200 \cdot 1080 \cdot 1350}} = \sqrt[4]{\frac{1512}{1000}} \approx 1{,}1089.$$

Formel (2.5) kann nur angewandt werden, wenn das Anfangs- und Endniveau jeweils größer als Null sind.

Da das geometrische Mittel stets kleiner oder höchstens gleich dem arithmetischen Mittel ist, wird anstelle des arithmetischen Mittels das geometrische Mittel auch dann verwendet, wenn der Einfluss von Ausreißern auf die Durchschnittsbildung gedämpft werden soll.

2.5 Harmonisches Mittel

Oft enthält die Fragestellung bereits implizit ein Gewichtungsschema, das bei der Mittelbildung zu berücksichtigen ist.

Nehmen wir an, ein Kind habe an zwei aufeinander folgenden Volksfesten jeweils den Betrag $B = 4{,}–$ EUR zur Verfügung, den es ausschließlich zum Kauf gebrannter Erdnüsse verwendet. Der Preis pro 50-Gramm-Tüte habe zunächst 1,– EUR, dann 2,– EUR betragen ($x_1 = 1{,}–$ EUR; $x_2 = 2{,}–$ EUR). Wie hoch war der Durchschnittspreis pro Tüte? Man könnte leicht den Fehler begehen, den Durchschnittspreis mit 1,50 EUR anzugeben. Dass dies nicht richtig ist, kann man sich dadurch veranschaulichen, dass sich das Kind beim zweiten Volksfest nur zwei und nicht mehr vier Tüten kaufen konnte.

Der Durchschnittspreis berechnet sich wie folgt:

$$\text{Durchschnittspreis} = \frac{\text{Gesamtausgaben}}{\text{Gesamtmenge}} = \frac{\text{Gesamtausgaben}}{\text{Teilmenge 1} + \text{Teilmenge 2}} = \frac{2 \cdot B}{\frac{B}{x_1} + \frac{B}{x_2}}$$

$$= \frac{2 \cdot B}{B \cdot (\frac{1}{x_1} + \frac{1}{x_2})} = \frac{2}{\frac{1}{x_1} + \frac{1}{x_2}} = \frac{2}{\frac{1}{1} + \frac{1}{2}} = 1{,}3\bar{3}[\text{EUR}].$$

Dies ist ein **einfaches harmonisches Mittel,** dessen Formel allgemein wie folgt lautet:

$$\text{HM} = \frac{n}{\dfrac{1}{x_1} + \dfrac{1}{x_2} + \cdots + \dfrac{1}{x_n}} = \frac{n}{\sum_{i=1}^{n} \dfrac{1}{x_i}}. \tag{2.6}$$

Die Berechnung des harmonischen Mittels setzt eine Verhältnisskala mit $x_i > 0$ ($i = 1, \ldots,$ n) voraus.

Den Durchschnittspreis $1{,}3\bar{3}$ EUR hätten wir auch mithilfe des arithmetischen Mittels erhalten, wenn wir als Gewichte für die beiden Preise die Anzahl der dafür erhaltenen Tüten eingesetzt hätten:

$$\bar{x} = \frac{1 \cdot 4 + 2 \cdot 2}{6} = 1{,}3\bar{3}[\text{EUR}].$$

Streuungsmaße

3

Zwei Häufigkeitsverteilungen können dasselbe arithmetische Mittel haben, sich jedoch wesentlich dadurch unterscheiden, dass die Merkmalsausprägungen dicht um den Mittelwert geschart sind oder stark um diesen streuen.

Streuungsmaße sind statistische Maßzahlen, die etwas über die Variabilität der Merkmalsausprägungen aussagen. Daneben gibt es noch Maße für die Schiefe und die Wölbung einer Verteilung, worauf jedoch hier nicht eingegangen wird.

3.1 Spannweite

Ein sehr einfaches, aber zumeist unbefriedigendes Maß für die Streuung ist die Spannweite SW (Differenz zwischen größter und kleinster Merkmalsausprägung), die bei einer Ordinal-, Intervall- oder Verhältnisskala berechnet werden kann.

$$\text{Beispiel:} \quad x_i\text{: } 1;\ 3;\ 3;\ 4;\ 4;\ 4;\ 5;\ 5;\ 8;\ 10.$$
$$\text{SW} = 10 - 1 = 9.$$

Der Nachteil dieses Streuungsmaßes liegt darin, dass die Streuung innerhalb der Extremwerte nicht zum Ausdruck gebracht werden kann.

3.2 Durchschnittliche absolute Abweichung

Sind z. B. die drei Merkmalsausprägungen x_i: 3; 4; 8 gegeben, so beträgt das arithmetische Mittel $\bar{x} = 5$ und die durchschnittliche Abweichung der Merkmalsausprägungen x_i vom Mittelwert $\bar{x}$ offenbar 2. Wie lässt sich nun eine Formel konstruieren, die zu diesem

Ergebnis führt? Eine erste Möglichkeit wäre scheinbar die, als Maß für die Streuung das arithmetische Mittel der Abweichungen der x_i-Werte von $\bar{x}$ zu berechnen. Die Summe der Abweichungen der Merkmalsausprägungen vom arithmetischen Mittel ist jedoch Null. Um diesen Nulleffekt zu vermeiden, könnte man das arithmetische Mittel der absoluten Abweichungen der x_i-Werte vom Mittelwert berechnen:

$$\text{DAA} = \frac{\sum_{i=1}^{n}|x_i - \bar{x}|}{n} = \frac{|3 - 5| + |4 - 5| + |8 - 5|}{3} = 2.$$

Die Berechnung der durchschnittlichen absoluten Abweichung (DAA) erfordert eine Intervall- oder Verhältnisskala.

In der statistischen Praxis ist dieses leicht deutbare Streuungsmaß kaum gebräuchlich, da es im Rahmen der schließenden Statistik nicht die Güte der Varianz hat.

3.3   Varianz und Standardabweichung

Ein Streuungsmaß, das eine Funktion aller Merkmalsausprägungen darstellt, zuverlässige Schätzwerte für die Streuung in der Grundgesamtheit liefert und sich gut für statistische Testverfahren eignet, ist die Varianz. Die Berechnung der Varianz setzt eine Intervall- oder Verhältnisskala voraus.

Die Varianz ist das arithmetische Mittel der quadrierten Abweichungen metrisch skalierter Merkmalsausprägungen von ihrem arithmetischen Mittel. Der oben beschriebene Nulleffekt wird also durch das Quadrieren der Abweichungen vermieden.

Das **Symbol** für die Varianz ist

- σ^2 – falls es sich um die Varianz einer Grundgesamtheit,
- s^2 – falls es sich um die Varianz einer Stichprobe handelt.

$$s^2 = \frac{\sum_{i=1}^{n}(x_i - \bar{x})^2}{n - 1} = \frac{1}{n - 1}\sum_{i=1}^{n}(x_i - \bar{x})^2. \tag{3.1}$$

Wird die Varianz für eine Grundgesamtheit von N Elementen berechnet, so wird die Summe der quadrierten Abweichungen aller Einzelwerte vom arithmetischen Mittel μ durch N geteilt. Auf die Frage, warum wir bei der Formel für die Stichprobenvarianz nicht durch n, sondern durch $n-1$ teilen, wird in Kapitel 10.2 eingegangen.

Da die Varianz nicht anschaulich interpretierbar ist, berechnet man die Wurzel aus der Varianz, die sogenannte Standardabweichung (Symbol σ bzw. s). Die Standardabweichung ist somit – allerdings nur grob gesprochen – die durchschnittliche Abweichung der Merkmalsausprägungen vom arithmetischen Mittel. Man beachte, dass im Rahmen des ersten Schrittes zur Berechnung der Standardabweichung, also bei der Berechnung der Varianz, größeren Abweichungen durch das Quadrieren ein stärkeres Gewicht bei der Durchschnittsbildung zukommt als kleineren Abweichungen. Durch den zweiten Schritt, das Wurzelziehen, wird dieser Effekt nicht vollständig kompensiert.

Die Standardabweichung lässt die zugrunde liegenden Daten inhomogener erscheinen als sie eigentlich sind.

Aus unserer kleinen Stichprobe (x_i: 3; 4; 8) ergibt sich:

$$s = \sqrt{\frac{(3-5)^2 + (4-5)^2 + (8-5)^2}{2}} \approx 2{,}65.$$

Bei Division durch n = 3 hätten wir für die Standardabweichung 2,16 erhalten. Die Dimension bei der Standardabweichung ist dieselbe wie bei den Merkmalsausprägungen bzw. beim arithmetischen Mittel.

Die Standardabweichung liefert uns also einen Wert, der etwas größer ist als der, den wir als durchschnittliche absolute Abweichung erhalten haben.

Sind die Einzelwerte bereits zu einer **Häufigkeitsverteilung** aufbereitet, ist es zumindest bei einer großen Anzahl sich wiederholender Merkmalsausprägungen einfacher, die Varianz wie folgt zu berechnen

$$s^2 = \frac{1}{n-1} \sum_{i=1}^{k} (x_1 - \bar{x})^2 n_i. \tag{3.2}$$

Liegt metrisch skaliertes Datenmaterial nur in Form einer durch Klassenbildung gegebenen oder verdichteten Häufigkeitsverteilung vor, lässt sich nur die Zwischenklassenvarianz als Approximation für die Gesamtvarianz berechnen. Wir unterstellen hierbei wieder (vgl. (2.3)), dass jeweils alle Merkmalsausprägungen einer Klasse genau in der Mitte zwischen unterer und oberer Klassengrenze liegen:

$$s^2 \approx \frac{1}{n-1} \sum_{i=1}^{k} (x_i^* - \bar{x})^2 n_i. \tag{3.3}$$

Für die Berechnung von Varianz und Standardabweichung sind einige rechentechnisch günstigere Formeln anwendbar.

Die Formeln (3.4) bis (3.6) sind für maschinelles Rechnen gut geeignet, erfordern keine Berechnung des arithmetischen Mittels und vermeiden damit verbundene Rundungsfehler.

Durch Umformung von (3.1) ergibt sich

$$s^2 = \frac{n \sum_{i=1}^{n} x_i^2 - \left(\sum_{i=1}^{n} x_i \right)^2}{n(n-1)}. \tag{3.4}$$

Durch Umformung von (3.2) bzw. (3.3) erhalten wir

$$s^2 = \frac{1}{n-1}\left[\sum_{i=1}^{k} x_i^2 n_i - \frac{\left(\sum_{i=1}^{k} x_i n_i\right)^2}{n}\right] \tag{3.5}$$

$$s^2 \approx \frac{1}{n-1}\left[\sum_{i=1}^{k} x_i^{*2} n_i - \frac{\left(\sum_{i=1}^{k} x_i^* n_i\right)^2}{n}\right] \tag{3.6}$$

Beispiel: Bearbeitungsdauer von Versicherungsanträgen eines bestimmten Typs. Man berechne Varianz und Standardabweichung der Stichprobe (vgl. Tabelle 1.4).

Tabelle 3.1 Berechnung der Stichprobenvarianz

Klassenmitte (Minuten) (x_i^*)	Absolute Häufigkeit (n_i)	$x_i^* \, n_i$	x_i^{*2}	$x_i^{*2} \, n_i$
30	4	120	900	3600
35	8	280	1225	9800
40	16	640	1600	25600
45	22	990	2025	44550
50	14	700	2500	35000
55	12	660	3025	36300
60	4	240	3600	14400
Summe	**80**	**3630**		**169250**

$$s^2 \approx \frac{1}{79}\left(169250 - \frac{13176900}{80}\right) = 57{,}45 \, [\text{Minuten}^2].$$

$$s \approx \sqrt{57{,}45} = 7{,}58 \, [\text{Minuten}].$$

Ausgehend von Tabelle 1.4 beträgt somit die Standardabweichung – grob gesprochen die durchschnittliche Abweichung der 80 Merkmalsausprägungen von ihrem arithmetischen Mittel – ca. 7,6 [Minuten].

3.4 Variationskoeffizient

Liegt eine Verhältnisskala vor, wird die Streuung häufig nicht absolut, sondern **in Relation zum arithmetischen Mittel** gemessen.

Diese dimensionslose Maßzahl bezeichnet man als Variationskoeffizienten (coefficient of variation):

$$cv = \frac{s}{\bar{x}} \text{ mit } \bar{x} \neq 0. \tag{3.7}$$

In unserem Beispiel (vgl. Tabelle 1.4) erhalten wir

$$cv \approx \frac{7{,}58}{45{,}38} = 0{,}167,$$

d. h. die Standardabweichung beträgt etwa 16,7 % des Mittels.

Besondere Bedeutung kommt dem Variationskoeffizienten beim **Vergleich der Streuungen** von Verteilungen zu, die unterschiedliche Mittelwerte haben:

Gegeben seien Stichproben aus zwei Grundgesamtheiten mit unterschiedlichem Mittelwert. Die Merkmale seien jeweils verhältnisskaliert.

a) 1; 2; 3.
b) 101; 102; 103.

- Die Standardabweichung s ist in beiden Fällen gleich 1.
- Der Variationskoeffizient cv im Fall a) ergibt den Wert 0,5.
- Der Variationskoeffizient cv im Fall b) ergibt den Wert 0,0098.
- D. h. im Fall a) beträgt die Standardabweichung 50 % vom Mittel.
- Im Fall b) beträgt die Standardabweichung 1 % vom Mittel.
- Die relative Streuung ist im Fall b) also wesentlich geringer.

Indexzahlen

4

Setzt man zwei zu verschiedenen Zeitpunkten oder -räumen beobachtete Merkmalsausprägungen desselben Merkmals zueinander ins Verhältnis, wobei im Zähler die Ausprägung zur Berichtszeit und im Nenner die Ausprägung zur Basiszeit steht, so erhält man eine **Messzahl**. Beispiel:

$$\frac{\text{Preis pro Mengeneinheit des Produktionsfaktors 1 in der Berichtszeit}}{\text{Preis pro Mengeneinheit des Produktionsfaktors 1 in der Basiszeit}}$$

Diese Messzahl beschreibt die Veränderung des Preises für den Produktionsfaktor 1. Für die übrigen Produktionsfaktoren können Messzahlen in gleicher Weise gebildet werden.

Soll jedoch die Veränderung der Preise für alle Produktionsfaktoren eines Betriebs durch **eine Zahl** zum Ausdruck gebracht werden, müssen wir die Messzahlen für die einzelnen Produktionsfaktoren zusammenfassen, wobei sie entsprechend ihrer Bedeutung zu gewichten sind. Bildet man das **gewogene arithmetische Mittel der Messzahlen**, so erhält man eine **Indexzahl**.

4.1 Konstruktion eines Preisindex

Nehmen wir an, dass man in einem Betrieb zur Produktion eines bestimmten Produkts nur drei Produktionsfaktoren benötigt. Die Preise für diese in der Basis- und Berichtszeit sind in Tabelle 4.1 dargestellt. Man beachte, dass zwischen der Basis- (0) und Berichtszeit (1) mehrere Zeitperioden liegen können. Tabelle 4.2 gibt den Mengenverzehr dieser Produktionsfaktoren in der Basis- und Berichtszeit an.

© Springer Fachmedien Wiesbaden GmbH, ein Teil von Springer Nature 2020
J. Puhani, *Statistik*, https://doi.org/10.1007/978-3-658-28955-3_5

Tabelle 4.1 Preise in der Basis- und Berichtszeit

Produktionsfaktor	Preis pro Einheit des Produktionsfaktors ... in EUR	
	Basiszeit	**Berichtszeit**
1	$10 = p_{01}$*	$15 = p_{11}$*
2	$20 = p_{02}$	$22 = p_{12}$
3	$40 = p_{03}$	$52 = p_{13}$

* p_{01} kennzeichnet den Preis in der Basiszeit (0) des Produktionsfaktors 1.

  p_{11} kennzeichnet den Preis in der Berichtszeit (1) des Produktionsfaktors 1.

Tabelle 4.2 Mengenverzehr in der Basis- und Berichtszeit

Produktionsfaktor	Mengenverzehr des Produktionsfaktors ... in Mengeneinheiten	
	Basiszeit	**Berichtszeit**
1	$10 = q_{01}$	$6 = q_{11}$
2	$2 = q_{02}$	$3 = q_{12}$
3	$4 = q_{03}$	$5 = q_{13}$

Gesucht sei nun die durchschnittliche Preissteigerung der Produktionsfaktoren zwischen Basis- und Berichtszeit. Es soll nur die reine durchschnittliche Preissteigerung, nicht etwa die Mengenänderung, berechnet werden.

Berechnet man das einfache arithmetische Mittel der Preisverhältnisse

$$\bar{x} = \frac{\frac{15}{10} + \frac{22}{20} + \frac{52}{40}}{3},$$

so erhält man kein geeignetes Maß für die durchschnittliche Preisentwicklung der Produktionsfaktoren, weil die einzelnen Produktionsfaktoren mit unterschiedlichem Gewicht zu den Gesamtkosten beitragen. Bei Bildung des einfachen arithmetischen Mittels geht das Preisverhältnis eines nur geringfügig verzehrten Produktionsfaktors mit demselben Gewicht in die Durchschnittsbildung ein wie das Preisverhältnis anderer Produktionsfaktoren.

Eine angemessene Gewichtung der Preisverhältnisse kann im betrachteten Beispiel durch die Kostenanteile der Produktionsfaktoren erfolgen.

Zur Berechnung der Kostenanteile gibt es verschiedene Möglichkeiten:

Tabelle 4.3 Gewichte

a) Kostenanteile aus der Basiszeit	b) Kostenanteile aus der Berichtszeit	c) Fiktive Kostenanteile	d) Fiktive Kostenanteile
$\dfrac{p_{0i}q_{0i}}{\sum_{i=1}^{3} p_{0i}q_{0i}}$	$\dfrac{p_{1i}q_{1i}}{\sum_{i=1}^{3} p_{1i}q_{1i}}$	$\dfrac{p_{0i}q_{1i}}{\sum_{i=1}^{3} p_{0i}q_{1i}}$	$\dfrac{p_{1i}q_{0i}}{\sum_{i=1}^{3} p_{1i}q_{0i}}$

Bei Verwendung von **Gewichtung a)** erhalten wir das folgende gewogene arithmetische Mittel der Preisverhältnisse:

$$\frac{p_{11}}{p_{01}} \cdot \frac{p_{01}q_{01}}{\sum_{i=1}^{3} p_{0i}q_{0i}} + \frac{p_{12}}{p_{02}} \cdot \frac{p_{02}q_{02}}{\sum_{i=1}^{3} p_{0i}q_{0i}} + \frac{p_{13}}{p_{03}} \cdot \frac{p_{03}q_{03}}{\sum_{i=1}^{3} p_{0i}q_{0i}} =$$

$$\sum_{i=1}^{3} \frac{p_{1i}}{p_{0i}} \cdot \frac{p_{0i}q_{0i}}{\sum_{i=1}^{3} p_{0i}q_{0i}}. \tag{4.1}$$

Dieses gewogene arithmetische Mittel ist ein allgemeiner Preisindex für die Berichtszeit 1 zur Basis 0.

Aus unserem Zahlenbeispiel errechnen wir:

$$\frac{15}{10} \cdot \frac{100}{300} + \frac{22}{20} \cdot \frac{40}{300} + \frac{52}{40} \cdot \frac{160}{300} = 1{,}34.$$

Häufig multipliziert man das Resultat noch mit 100, sodass wir als Preisindex dann 134 erhielten. Bei Verwendung von **Gewichtung a)** ergibt sich also eine durchschnittliche Preissteigerung der Produktionsfaktoren von 34 %.

Bei Verwendung von **Gewichtung c)** erhalten wir das folgende gewogene arithmetische Mittel der Preisverhältnisse:

$$\frac{p_{11}}{p_{01}} \cdot \frac{p_{01}q_{11}}{\sum_{i=1}^{3} p_{0i}q_{1i}} + \frac{p_{12}}{p_{02}} \cdot \frac{p_{02}q_{12}}{\sum_{i=1}^{3} p_{0i}q_{1i}} + \frac{p_{13}}{p_{03}} \cdot \frac{p_{03}q_{13}}{\sum_{i=1}^{3} p_{0i}q_{1i}} =$$

$$\sum_{i=1}^{3} \frac{p_{1i}}{p_{0i}} \cdot \frac{p_{0i}q_{1i}}{\sum_{i=1}^{3} p_{0i}q_{1i}}. \tag{4.2}$$

Dieses gewogene arithmetische Mittel ist ebenfalls ein allgemeiner Preisindex für die Berichtszeit 1 zur Basis 0.

Aus unserem Zahlenbeispiel errechnen wir:

$$\frac{15}{10} \cdot \frac{60}{320} + \frac{22}{20} \cdot \frac{60}{320} + \frac{52}{40} \cdot \frac{200}{320} = 1{,}30.$$

Bei Verwendung von **Gewichtung c)** ergibt sich also eine durchschnittliche Preissteigerung der Produktionsfaktoren von 30 %.

Die geringere Steigerung gegenüber der Verwendung von Gewichtung a) beruht darauf, dass den relativ geringen Preissteigerungen der Produktionsfaktoren 2 und 3 ein höheres Gewicht zukam.

4.2 Preis- und Mengenindizes nach Laspeyres und Paasche

Die Formeln für den allgemeinen Preisindex lassen sich rechentechnisch vereinfachen: So erhält man aus (4.1)

$$\frac{\sum_{i=1}^{n} p_{1i}q_{0i}}{\sum_{i=1}^{n} p_{0i}q_{0i}} = L_P \quad \text{:\textbf{Preisindex nach Laspeyres}} \tag{4.3}$$

und aus (4.2)

$$\frac{\sum_{i=1}^{n} p_{1i}q_{1i}}{\sum_{i=1}^{n} p_{0i}q_{1i}} = P_P \quad \text{:\textbf{Preisindex nach Paasche}} \tag{4.4}$$

Während also beim **Preisindex nach Laspeyres** als Gewichte für die Preisverhältnisse Kostenanteile (oder – bei anderen Zusammenhängen – Umsatzanteile, Verbrauchsanteile usw.) der Basiszeit verwendet werden, gehen beim **Preisindex nach Paasche** als Gewichte für die Preisverhältnisse fiktive Kostenanteile (oder – bei anderen Zusammenhängen – fiktive Umsatz-, fiktive Verbrauchsanteile usw.) mit Preisen aus der Basiszeit und Mengen aus der Berichtszeit ein.

Mengenindizes nach Laspeyres und Paasche ließen sich in analoger Weise ableiten. Bei der Konstruktion eines Mengenindex nach Laspeyres wäre wiederum Gewichtung a), bei der Konstruktion eines Mengenindex nach Paasche allerdings Gewichtung d) zu verwenden:

$$\frac{\sum_{i=1}^{n} q_{1i}p_{0i}}{\sum_{i=1}^{n} q_{0i}p_{0i}} = L_M \quad \text{:\textbf{Mengenindex nach Laspeyres}} \tag{4.5}$$

$$\frac{\sum_{i=1}^{n} q_{1i}p_{1i}}{\sum_{i=1}^{n} q_{0i}p_{1i}} = P_M \quad \text{:\textbf{Mengenindex nach Paasche}} \tag{4.6}$$

Aus unserem Zahlenbeispiel errechnen wir mithilfe von (4.3)–(4.6):

$$L_P = \frac{15 \cdot 10 + 22 \cdot 2 + 52 \cdot 4}{10 \cdot 10 + 20 \cdot 2 + 40 \cdot 4} = 1{,}34;$$

$$P_P = \frac{15 \cdot 6 + 22 \cdot 3 + 52 \cdot 5}{10 \cdot 6 + 20 \cdot 3 + 40 \cdot 5} = 1,30;$$

$$L_M = \frac{6 \cdot 10 + 3 \cdot 20 + 5 \cdot 40}{10 \cdot 10 + 2 \cdot 20 + 4 \cdot 40} \approx 1,067;$$

$$P_M = \frac{6 \cdot 15 + 3 \cdot 22 + 5 \cdot 52}{10 \cdot 15 + 2 \cdot 22 + 4 \cdot 52} \approx 1,035.$$

Während sich somit nach Laspeyres eine durchschnittliche Preissteigerung von 34 % und eine durchschnittliche Steigerung des mengenmäßigen Inputs von etwa 6,7 % ergaben, erhalten wir nach Paasche in unserem Beispiel eine durchschnittliche Preissteigerung von 30 % sowie eine durchschnittliche Steigerung des Mengenverzehrs von etwa 3,5 %.

Sollen Veränderungen von Preisen und Mengen gleichzeitig erfasst werden, berechnet man **Wertindizes**:

$$WI = \frac{\sum_{i=1}^{n} p_{1i} q_{1i}}{\sum_{i=1}^{n} p_{0i} q_{0i}} = L_P P_M = P_P L_M. \tag{4.7}$$

Aus unserem Zahlenbeispiel errechnen wir:

$$WI = \frac{15 \cdot 6 + 22 \cdot 3 + 52 \cdot 5}{10 \cdot 10 + 20 \cdot 2 + 40 \cdot 4} \approx 1,387,$$

also eine Kostenänderung – sich zusammensetzend aus Preis- und Mengenänderungen – von etwa 38,7 %.

Eine besondere Bedeutung hat in der amtlichen Statistik der nach der Laspeyres-Methode berechnete **Verbraucherpreisindex** (Preisindex für die Lebenshaltung aller privaten Haushalte), da er als Gradmesser der Geldwertstabilität dient. Etwa 650 Sachgüter und Dienstleistungen (Stand 2018) bilden den **Warenkorb** für den Verbraucherpreisindex für Deutschland. Ferner berechnet das **Statistische Bundesamt** einen **Harmonisierten Verbraucherpreisindex (HVPI)** für Deutschland, für den die EU verbindliche Regeln aufgestellt hat, damit Vergleiche der nationalen Inflationsraten erleichtert werden. Die Wägungsschemata und Warenkörbe der nationalen HVPIs sind allerdings trotzdem verschieden, um den nationalen Verbrauchergewohnheiten gerecht zu werden.

Für die gesamte EU sowie auch für die Mitglieder der Euro-Zone wird vom **Europäischen Statistikamt (EUROSTAT)** ein HVPI-Gesamtindex als gewogenes Mittel der nationalen HVPIs errechnet, wobei der private Verbrauch aus den nationalen volkswirtschaftlichen Gesamtrechnungen als Gewicht herangezogen wird.

Der HVPI für die Euro-Zone dient der Europäischen Zentralbank (EZB) als Referenzgröße zur Messung der Inflationsrate im Euro-Währungsgebiet. Von „Inflation" spricht die EZB dann, wenn der Gesamt-HVPI für die Euro-Zone eine Preissteigerung von mehr als zwei Prozent anzeigt.

Zusätzlich bedient sich die EZB des Konzepts der „Kerninflation". Bei der Kerninflationsrate handelt es sich im Wesentlichen um eine Inflationsrate, die um besonders stark schwankende Güterpreise (Energie, Nahrungsmittel) bereinigt ist.

Das Statistische Bundesamt berechnet außer den o. a. Verbraucherpreisindizes noch eine Reihe von Preisindizes für ausgewählte Wirtschaftszweige, wie den Index der Erzeugerpreise für gewerbliche Produkte, den Index der Großhandelsverkaufspreise, den Index der Einzelhandelspreise für den privaten Verbrauch, den Index der Einfuhr- und Ausfuhrpreise.

4.3   Verknüpfung und Umbasierung von Indexreihen

Indizes werden in der Regel in festen Zeitabständen berechnet, z. B. monatlich oder jährlich. Dadurch entstehen **Indexreihen.** In der amtlichen Statistik werden zumeist Laspeyresindizes berechnet. Zur Berechnung von Paascheindizes wäre das Gewichtungsschema laufend neu zu ermitteln. Eine ständige Änderung der Gewichtung verursacht nicht nur zusätzliche Erhebungs- und Aufbereitungsarbeit, sondern macht es vor allem unmöglich, die durchschnittliche Preisentwicklung in verschiedenen Zeitperioden miteinander zu vergleichen. Denn Veränderungen der Paascheindizes können auch durch Veränderungen der Gewichte verursacht sein. Da bei **Laspeyresindizes** das Gewichtungsschema nach einer gewissen Zeit veraltet, führt man zur Zeit alle fünf Jahre ein neues Basisjahr ein.

Im folgenden Beispiel zur **Verknüpfung** von Indexreihen sei unterstellt, dass ab dem fünften Jahr die Basis nicht mehr das Jahr 0, sondern das Jahr 4 sein soll. Um die zur unterschiedlichen Basis berechneten Indexreihen vergleichbar zu machen, muss man beide Reihen miteinander verknüpfen. Dazu verknüpft man die erste Reihe (zur Basis 0) mit der zweiten Reihe (zur Basis 4) oder die zweite Reihe mit der ersten über eine einfache Dreisatzrechnung. Voraussetzung für die Verknüpfungsmöglichkeit ist, dass sowohl ein Index zur alten, als auch einer zur neuen Basis zur Verfügung steht.

Tabelle 4.4   Verknüpfung von Indexreihen

$_0L_i$:	1,02	1,04	1,05	1,09			
$_4L_i$:				1,00	1,03	1,06	1,08

$i = 1, \ldots, 7$

Um die erste Reihe der Laspeyresindizes an die zweite anzuschließen (vgl. Tabelle 4.6a), berechnen wir die Dreisätze:

$$1{,}09 : 1{,}00 = 1{,}02 : {}_4L_1; \quad {}_4L_1 = 0{,}9358;$$

$$1{,}09 : 1{,}00 = 1{,}04 : {}_4L_2; \quad {}_4L_2 = 0{,}9541; \quad \text{usw.}$$

Es ergibt sich schließlich:

Tabelle 4.5 Indexreihe zur neuen Basis

${}_4L_i$:	0,9358	0,9541	0,9633	1,00	1,03	1,06	1,08

Es handelt sich bei diesem Verfahren lediglich um eine **Niveauanpassung** der Reihe ${}_0L_i$ an die Reihe ${}_4L_i$. Die Relationen der Indexzahlen bleiben auch nach erfolgter Niveauanpassung gleich.

Schließen wir die zweite Reihe an die erste an, erhalten wir:

Tabelle 4.6 Indexreihe zur alten Basis

${}_0L_i$:	1,02	1,04	1,05	1,09	1,1227	1,1554	1,1772

Von einer rein rechentechnischen **Umbasierung** spricht man dann, wenn eine Indexreihe ohne Neugewichtung auf eine neue Basis bezogen werden soll. Gegeben ist z. B. die Indexreihe:

${}_4L_i$:	1,03	1,06	1,08	$(i = 5, 6, 7)$

Will man auf die Zeitperiode $i = 6$ rechentechnisch umbasieren, so erhält man – da dann ${}_6L_6 = 1$ – aus den Dreisätzen die Indexreihe ${}_6L_i$.

$$1{,}06 : 1{,}00 = 1{,}03 : {}_6L_5; \quad {}_6L_5 = 0{,}9717;$$

$$1{,}06 : 1{,}00 = 1{,}08 : {}_6L_7; \quad {}_6L_7 = 1{,}0189.$$

${}_6L_i$:	0,9717	1,0000	1,0189	$(i = 5, 6, 7)$

Korrelation und Regression

5

Unter **Korrelationsanalyse** versteht man statistische Verfahren, welche die Stärke der Beziehungen zwischen zwei Merkmalen beschreiben.

Von korrelativen Zusammenhängen sind funktionale streng zu trennen. Während bei funktionalen Zusammenhängen aus der Kenntnis einer Merkmalsausprägung die Ausprägung eines anderen Merkmals eindeutig bestimmt wäre, kann bei korrelativen Zusammenhängen nur eine mehr oder minder genaue Schätzung erfolgen. Statistiker werden praktisch nie funktionale, jedoch häufig korrelative Zusammenhänge vorfinden. Von der Skalierung der Merkmale wird es abhängen, welche Maßzahlen zur Charakterisierung der Zusammenhänge zu ermitteln sind.

Die Frage, ob eine tendenzielle Beziehung zwischen zwei Merkmalen X und Y ein- (z. B. X bewirkt Y) oder zweiseitiger Natur ist (X wirkt auf Y und Y wirkt auf X zurück), ist im Rahmen der Korrelationsanalyse nicht von methodischer Bedeutung. Besteht eine Korrelation zwischen den Merkmalen X und Y und formalisiert man den Zusammenhang derart, dass man für jede Ausprägung (jeden Wert) des bewirkenden Merkmals (Regressors) einen Schätzwert für das bewirkte Merkmal (den Regressanden) berechnen kann, so spricht man von **Regressionsanalyse**[1]. Unter Formalisierung ist hierbei die Beschreibung korrelativer Zusammenhänge durch eine „passende" Funktion zu verstehen. Ein Regressor wird mit X, der Regressand mit Y bezeichnet.

---

[1] Der Ausdruck „Regression" geht auf eine Feststellung des englischen Biologen *F. Galton* zurück (um 1885), der bemerkte, dass in der Nachkommenschaft eine „Rückkehr" zur mittleren Körpergröße besteht.

© Springer Fachmedien Wiesbaden GmbH, ein Teil von Springer Nature 2020
J. Puhani, *Statistik*, https://doi.org/10.1007/978-3-658-28955-3_6

5.1 Zusammenhänge zwischen metrisch skalierten Merkmalen

5.1.1 Lineare Einfachregression

Wir wollen annehmen, dass ein Online-Anbieter prüft, ob der Bestellwert hinreichend
genau durch die Anzahl der Besuche auf der Webseite (Klicks) geschätzt werden kann.
Zu diesem Zweck wurden 20 Tage zufällig ausgewählt (x_i) und die Anzahl der Klicks
dem jeweiligen Bestellwert (y_i) gegenübergestellt (vgl. Spalten 2 und 3 der Tabelle 5.1).

Durch ein **Streudiagramm** (vgl. Abb. 5.1) kann man sich verdeutlichen, ob überhaupt
ein Zusammenhang zwischen der Anzahl der Klicks und dem Bestellwert besteht[1]. Ein
Streudiagramm erhalten wir dadurch, dass wir den Wertepaaren x_i, y_i jeweils einen
Punkt im Koordinatensystem zuordnen. Außerdem gibt die Form der Punktwolke bei
genügend großem Stichprobenumfang eine Hilfestellung für die Modellwahl, d. h. den zu
wählenden Typ für die Anpassungsfunktion.

Wir stellen fest (vgl. Abb. 5.1), dass mit zunehmenden x_i-Werten tendenziell auch die
zugehörigen y_i-Werte größer werden.

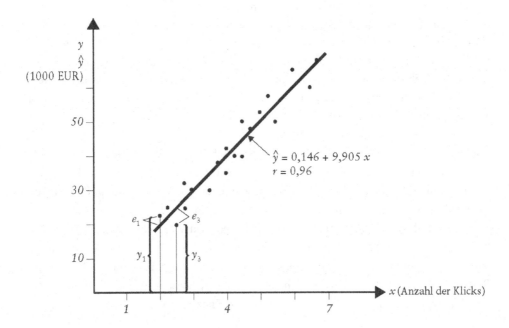

Abb. 5.1 Streudiagramm und Regressionsgerade

---

[1] Wir betrachten das Merkmal „Anzahl der Klicks in 1000" als Regressor und das Merkmal „Bestellwert"
als Regressand. In Tabelle 5.1 sind die Wertepaare bereits nach den Klicks geordnet.

Tabelle 5.1 Arbeitstabelle zur Berechnung der Regressionskoeffizienten und des Korrelationskoeffizienten

i	x_i (Anzahl der Klicks in 1000)	y_i (1000 EUR)	Rechenteil		
			$x_i y_i$	x_i^2	y_i^2
1	2	22,5	45	4	506,25
2	2,25	25	56,25	5,0625	625
3	2,5	20			
4	2,75	25			
5	2,75	32,5			
6	3	30			
7	3,5	30	.	.	.
8	3,75	37,5	.	.	.
9	4	35	.	.	.
10	4	42,5			
11	4,25	40		.	
12	4,5	40			
13	4,5	50			
14	4,75	47,5			
15	5	52,5			
16	5,25	57,5			
17	5,5	50			
18	6	65			
19	6,5	60			
20	6,75	67,5	455,625	45,5625	4556,25
Summe	83,5	830	3830,625	385,5	38350

In unserem Beispiel bietet sich zur Charakterisierung der Art des korrelativen Zusammenhangs eine lineare Funktion (eine Gerade) an.

Von allen denkbaren Geraden suchen wir diejenige, an die sich unsere Punktwolke optimal anschmiegt. Diese Forderung ist mathematisch zu präzisieren. Eine möglichst gute Anpassung wird man dann erreicht haben, wenn die Differenzen e_i zwischen den beobachteten y_i-Werten und der **Regressionsgeraden**

$$\hat{y} = b_1 + b_2 x$$

insgesamt gesehen so klein wie möglich sind (vgl. Abb. 5.1).

Die realisierten Differenzen e_i nennt man Residuen und Reste. Den Zusammenhang zwischen den Merkmalen X und Y können wir dann auch wie folgt ausdrücken:

$$y = b_1 + b_2 x + e.$$

Es ist allerdings nicht sinnvoll zu fordern, dass $\sum_{i=1}^{n} e_i = 0$ ist, wobei n die Anzahl der Wertepaare angibt, da eine Gerade, bei der sich positive und negative Abweichungen zu den beobachteten y_i-Werten kompensieren, auch so gelegt werden kann, dass sie keine vernünftige Anpassungsfunktion darstellt.

Deswegen muss man verlangen, das entweder $\sum_{i=1}^{n} |e_i|$ oder $\sum_{i=1}^{n} e_i^2$ ein Minimum ergeben. Auf mathematischem Wege kann gezeigt werden, dass die zweite Möglichkeit, die Methode der kleinsten Quadrate, vorzuziehen ist. Da

$$\sum_{i=1}^{n} e_i^2 = \sum_{i=1}^{n} (y_i - \hat{y}_i)^2 = \sum_{i=1}^{n} [y_i - (b_1 + b_2 x_i)]^2 = \sum_{i=1}^{n} (y_i - b_1 - b_2 x_i)^2,$$

läuft unsere Forderung darauf hinaus, die **Regressionskoeffizienten** b_1 (Achsenabschnitt auf der y-Achse) und b_2 (Steigung) der Regessionsgeraden

$$\hat{y} = b_1 + b_2 x$$

(mithilfe der partiellen Differenziation) so zu bestimmen, dass der Ausdruck $\sum_{i=1}^{n} (y_i - b_1 - b_2 x_i)^2$ so klein wie möglich wird.

Wir erhalten aus dieser Extremwertaufgabe ein lineares Gleichungssystem mit den zwei Unbekannten b_1 und b_2, das als Lösung

$$b_1 = \bar{y} - b_2 \bar{x}, \tag{5.1}$$

$$b_2 = \frac{\sum_{i=1}^{n} (x_i - \bar{x})(y_i - \bar{y})}{\sum_{i=1}^{n} (x_i - \bar{x})^2} \tag{5.2}$$

liefert, wobei $\bar{y}$ und $\bar{x}$ die arithmetischen Mittel der beobachteten y_i- und x_i-Werte darstellen.

Rechentechnisch einfacher sowie weniger anfällig gegen Rundungsfehler sind die Formeln (5.3) und (5.4):

$$b_1 = \frac{\sum_{i=1}^{n} x_i^2 \sum_{i=1}^{n} y_i - \sum_{i=1}^{n} x_i \sum_{i=1}^{n} x_i y_i}{n \sum_{i=1}^{n} x_i^2 - (\sum_{i=1}^{n} x_i)^2}, \tag{5.3}$$

$$b_2 = \frac{n\sum\limits_{i=1}^{n} x_i y_i - \sum\limits_{i=1}^{n} x_i \sum\limits_{i=1}^{n} y_i}{n\sum\limits_{i=1}^{n} x_i^2 - (\sum\limits_{i=1}^{n} x_i)^2}. \tag{5.4}$$

Man kann auch zunächst b_2 nach (5.4) berechnen und dann in (5.1) einsetzen, sofern man darauf achtet, dass der Fehler bei der Rundung von b_2, der sich durch die Rechenoperationen fortpflanzt, gering gehalten wird.

Aus unserem Zahlenbeispiel (vgl. Tabelle 5.1) errechnen wir nach (5.3) und (5.4):

$$b_1 = \frac{385{,}5 \cdot 830 - 83{,}5 \cdot 3830{,}625}{20 \cdot 385{,}5 - 6972{,}25} \approx 0{,}146 \text{ und}$$

$$b_2 = \frac{20 \cdot 3830{,}625 - 83{,}5 \cdot 830}{20 \cdot 385{,}5 - 6972{,}25} \approx 9{,}905$$

Die gesuchte Regressionsfunkton lautet somit

$$\hat{y} = 0{,}146 + 9{,}905x$$

Diese Regressionsgerade ist in Abb. 5.1 eingetragen. Mithilfe der Regressionsfunktion kann man nun den Bestellwert bei gegebener Anzahl von Klicks abschätzen. Hat man an einem Tag z. B. 4250 Klicks, so schätzen wir den zugehörigen Bestellwert auf ca. 42000 EUR.

$$\hat{y}(4{,}25) = 42{,}2 \text{ [1000 EUR]}.$$

Es ist zu berücksichtigen, dass unser Ergebnis das Resultat einer Stichprobe ist. Hätten wir eine andere Stichprobe vom Umfang $n = 20$ oder mehr oder weniger Beobachtungspaare unserer Untersuchung zugrunde gelegt, so hätten wir auch andere Regressionskoeffizienten ermittelt.

Die Zuverlässigkeit der Schätzwerte wird davon abhängen, ob der ermittelten Regressionsgeraden eine nur wenig oder stark streuende Punktwolke zugrunde liegt.

Ein Maß dafür ist der Bravais-Pearson'sche Korrelationskoeffizient r bzw. das Bestimmtheitsmaß R^2.

Der **Korrelationskoeffizient r** gibt an, wie straff der lineare Zusammenhang zwischen den x_i- und y_i-Werten in der Stichprobe ist.

$$r = \frac{\sum\limits_{i=1}^{n} (x_i - \bar{x})(y_i - \bar{y})}{\sqrt{\sum\limits_{i=1}^{n} (x_i - \bar{x})^2 \sum\limits_{i=1}^{n} (y_i - \bar{y})^2}}. \tag{5.5}$$

Rechentechnisch günstiger ist die Formel

$$r = \frac{n\sum_{i=1}^{n} x_i y_i - \sum_{i=1}^{n} x_i \sum_{i=1}^{n} y_i}{\sqrt{\left[n\sum_{i=1}^{n} x_i^2 - \left(\sum_{i=1}^{n} x_i\right)^2\right]\left[n\sum_{i=1}^{n} y_i^2 - \left(\sum_{i=1}^{n} y_i\right)^2\right]}}. \tag{5.6}$$

Der Korrelationskoeffizient nimmt nur Werte zwischen −1 und +1 an. Ein nahe bei +1 (−1) liegender Wert weist auf einen starken gleichgerichteten (entgegengerichteten) Zusammenhang zwischen den Merkmalen X und Y hin. Einen Wert von +1 (−1) bekäme man nur bei einem funktionalen linearen Zusammenhang, d. h. dann, wenn alle Punkte der Punktwolke auf einer Geraden mit positiver (negativer) Steigung lägen.

Ist r in der Nähe von 0, so kann kein Zusammenhang vermutet werden. Der Grad des Zusammenhangs ist nur dann mit dem **Bravais-Pearson'schen Korrelationskoeffizienten** zu messen, wenn beide Merkmale metrisch skaliert sind. Außerdem sei besonders darauf hingewiesen, dass r nur einen linearen Zusammenhang zwischen X und Y misst.

So würde sich z. B. bei einer parabolisch angeordneten Punktwolke $r = 0$ ergeben, obwohl ein – allerdings nichtlinearer – Zusammenhang vorliegt.

In unserem Zahlenbeispiel ergibt sich

$$r = \frac{20.3830{,}625 - 83{,}5 \cdot 830}{\sqrt{(20 \cdot 385{,}5 - 6972{,}25)(20 \cdot 38350 - 688900)}} \approx 0{,}96.$$

Das **Bestimmtheitsmaß R^2** gibt an, welcher Anteil der Varianz des Merkmals Y durch die Regression, d. h. die im Regressionsmodell enthaltenen bewirkenden Merkmale erklärt werden:

$$R^2 = \frac{s_{\hat{y}}^2}{s_y^2} = \frac{\frac{\sum_{i=1}^{n}(\hat{y}_i - \bar{y})^2}{n-1}}{\frac{\sum_{i=1}^{n}(y_i - \bar{y})^2}{n-1}} = \frac{\sum_{i=1}^{n}(\hat{y}_i - \bar{y})^2}{\sum_{i=1}^{n}(y_i - \bar{y})^2}.$$

Bei **linearer** Regression entspricht R^2 dem Quadrat des Korrelationskoeffizienten: $R^2 = r^2$.

In unserem Zahlenbeispiel beträgt das Bestimmtheitsmaß $R^2 \approx 0{,}93$. Das heißt also, dass 93 % der Varianz des Regressanden „Bestellwert" durch den Regressor „Anzahl der Klicks" erklärt werden konnten.

5.1.2 Nichtlineare Einfachregression

Bei nichtlinearen Zusammenhängen kann man ggf. durch logarithmische Transformation lineare Beziehungen herstellen und die Methode der kleinsten Quadrate auf die durch Transformation gewonnenen Wertepaare anwenden. Die daraus resultierenden Regres-

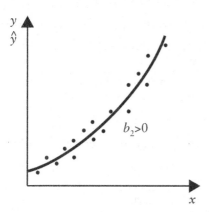

Abb. 5.2 Exponentialfunktion

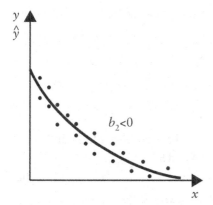

Abb. 5.3 Exponentialfunktion

sionskoeffizienten sind bei konstanter Varianz der Reste (Abb. 5.2 und 5.3) nicht mit den Regressionskoeffizienten identisch, die man bei Anwendung der Methode der kleinsten Quadrate auf die nicht transformierten Wertepaare bekäme.

Bei Punktwolken wie in Abb. 5.2 und 5.3 käme als passende Funktion z. B. eine Exponentialfunktion infrage:

1) $\hat{y} = e^{b_1 + b_2 x}$,
2) $\hat{y} = b_1 e^{b_2 x}$, wobei hier e die Euler'sche Zahl 2,718… ist.

Diese Ansätze implizieren gleich bleibende Änderungsraten von $\hat{y}$. Durch Logarithmierung ergibt sich

1) $\ln \hat{y} = b_1 + b_2 x$ bzw.
2) $\ln \hat{y} = \ln b_1 + b_2 x$.

Dann besteht zwischen dem Merkmal X und dem Logarithmus des Merkmals Y eine **lineare Beziehung.**

Zur Bestimmung der Regressionskoeffizienten b_1 und b_2 nach der Methode der kleinsten Quadrate können wir die Arbeitstabelle 5.1 sowie die Formeln (5.1)–(5.4) heranziehen. Es ist hierbei zu beachten, dass anstelle der y_i-Werte die ln y_i-Werte einzusetzen sind. Bei Modell 2) erhalten wir den Koeffizienten b_1 nicht unmittelbar, sondern erst nach Delogarithmierung:

$$b_2 = \frac{n \sum_{i=1}^{n} x_i \ln y_i - \sum_{i=1}^{n} x_i \sum_{i=1}^{n} \ln y_i}{n \sum_{i=1}^{n} x_i^2 - (\sum_{i=1}^{n} x_i)^2} \quad \text{bei Modellansätzen 1) und 2),} \quad (5.7)$$

$$b_1 = \frac{\sum_{i=1}^{n} \ln y_i}{n} - b_2 \frac{\sum_{i=1}^{n} x_i}{n} \quad \text{bei Modellansatz 1),} \quad (5.8)$$

$$b_1 = e^{\left(\frac{\sum_{i=1}^{n} \ln y_i}{n} - b_2 \frac{\sum_{i=1}^{n} x_i}{n}\right)} \quad \text{bei Modellansatz 2),} \quad (5.9)$$

Nichtlineare Beziehungen können wir auch durch einen Ansatz zum Ausdruck bringen, in den der Regressor als Inverse eingeht:

$$\hat{y} = b_1 - \frac{b_2}{x}.$$

Die Verwendung der inversen Form ist dann angebracht, wenn ein Minimum- oder Sättigungsniveau unterstellt werden kann (vgl. Abb. 5.4 und 5.5).

Zur Bestimmung von b_1 und b_2 können wir wieder unsere Arbeitstabelle 5.1 sowie die Formeln (5.1) bis (5.4) heranziehen; wir müssen dann lediglich für die x_i-Werte $(-\frac{1}{x_i})$ einsetzen.

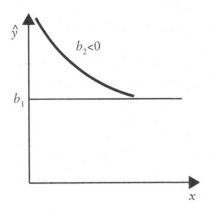

Abb. 5.4 Inverse Funktion

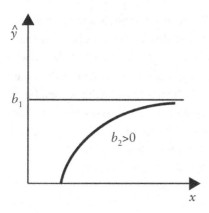

Abb. 5.5 Inverse Funktion

5.1.3 Multiple lineare Regression (Lineare Mehrfachregression)

5.1.3.1 Berechnung der Regressionskoeffizienten

Häufig wird man mit einer Einfachregression, d. h. mit nur einem einzigen Regressor den Regressanden (die Zielgröße) y nur unzureichend erklären können und mehr als einen Regressor benötigen, um die Güte der Schätzwerte zu verbessern. Ist der Regressand von mehreren Regressoren linear abhängig, kann eine Stichprobenregressionsfunktion wie folgt beschrieben werden:

$$y = b_1 x_1 + b_2 x_2 + \cdots + b_k x_k + e \text{ bzw. } \hat{y} = b_1 x_1 + b_2 x_2 + \cdots + b_k x_k$$

Die Subskripte $1, \ldots, k$ geben in diesem Zusammenhang die Regressoridentität an; x_1 ist eine Scheinvariable, die hier den Wert 1 annimmt.

Liegen für die $k{-}1$ Regressoren und den Regressanden jeweils n Beobachtungen vor, so erhalten wir ein Gleichungssystem mit n Gleichungen, in denen die Regressionskoeffizienten $b_1, \ldots, b_k$ Unbekannte sind. Die Subskripte $1, \ldots, n$ sind Nummern zur Unterscheidung der Beobachtungen:

$$y_1 = b_1 + b_2 x_{21} + \cdots + b_k x_{k1} + e_1$$
$$y_2 = b_1 + b_2 x_{22} + \cdots + b_k x_{k2} + e_2$$
$$\vdots$$
$$y_n = b_1 + b_2 x_{2n} + \cdots + b_k x_{kn} + e_n.$$

Die Koeffizienten $b_1, \ldots, b_k$ sind so zu bestimmen, dass

$$\sum_{i=1}^{n} e_i^2 = \sum_{i=1}^{n} (y_i - \hat{y}_i)^2 = \sum_{i=1}^{n} [y_i - (b_1 + b_2 x_{2i} + \cdots + b_k x_{ki})]^2 = \text{Min!}$$

Wir werden im Folgenden die Matrizenschreibweise benutzen. Voraussetzung für das Verständnis der nachfolgenden Berechnungen sind Kenntnisse des Lesers über Transposition, Addition, Multiplikation und Inversion von Matrizen (vgl. hierzu Lehrbücher über lineare Algebra). Obwohl in praxi die Berechnungen durch Computerprogramme vorgenommen werden, mag es für manchen Leser von Interesse sein, eine Anwendung der Matrizenrechnung in der Statistik zu sehen und einmal nachzuvollziehen, was der Rechner – bei den meisten Programmen für den Anwender nicht sichtbar – zur Berechnung der Regressionskoeffizienten und der Prüfmaße zu leisten hat.

In Matrizenschreibweise lautet unser obiges Gleichungssystem

$$\mathbf{y} = \mathbf{Xb} + \mathbf{e},$$

wobei hier

$$\mathbf{y} = \begin{pmatrix} y_1 \\ y_2 \\ \vdots \\ y_n \end{pmatrix}; \quad \mathbf{X} = \begin{pmatrix} 1 & x_{21} & x_{31} & \cdots & x_{k1} \\ 1 & x_{22} & x_{32} & \cdots & x_{k2} \\ \vdots & \vdots & \vdots & \cdots & \vdots \\ 1 & x_{2n} & x_{3n} & \cdots & x_{kn} \end{pmatrix};$$

$$\mathbf{b} = \begin{pmatrix} b_1 \\ b_2 \\ \vdots \\ b_k \end{pmatrix}; \quad \mathbf{e} = \begin{pmatrix} e_1 \\ e_2 \\ \vdots \\ e_n \end{pmatrix}.$$

Der Regressionskoeffizienten-Vektor **b,** also die Koeffizienten b_1, …, b_k sind so zu bestimmen, dass

$$\mathbf{e'e} = (\mathbf{y} - \mathbf{Xb})'(\mathbf{y} - \mathbf{Xb}) = \text{Min!}$$

Als Lösung für den Vektor **b** ergibt sich:

$$\mathbf{b} = (\mathbf{X'X})^{-1}\mathbf{X'y}.$$

Bei zwei erklärenden Variablen (die Scheinvariable nicht mitgezählt) bekämen wir als graphische Lösung eine Regressionsebene, die sich nach der Methode der kleinsten Quadrate der Punktwolke im dreidimensionalen Raum anpasst.

Bei drei erklärenden Variablen bekämen wir als Anpassungsfunktion eine (dreidimensionale) Regressionshyperebene, die sich in eine „Punktwolke" im vierdimensionalen Raum optimal einschmiegt.

Den Rechenvorgang wollen wir im Einzelnen anhand eines konstruierten Beispiels mit nur 9 Wertetripeln zeigen.

Gegeben seien 9 Beobachtungen der Zielgröße (des Regressanden) und jeweils 9 Beobachtungen der erklärenden Variablen (der Regressoren) x_2 und x_3; x_1 sei wiederum die Scheinvariable.

y	142	138	167	182	191	179	190	178	194
x_2	100	95	102	128	125	102	124	107	119
x_3	3	2	4	6	8	9	9	10	11

Zur Berechnung des Regressionkoeffizienten-Vektors

$$\mathbf{b} = (\mathbf{X'X})^{-1}\mathbf{X'y}.$$

multiplizieren wir zunächst die transponierte $\mathbf{X}$-Matrix ($\mathbf{X'}$) mit der $\mathbf{X}$-Matrix,

X

1	100	3
1	95	2
1	102	4
1	128	6
1	125	8
1	102	9
1	124	9
1	107	10
1	119	11

1	1	1	1	1	1	1	1	1		9	1002	62
100	95	102	128	125	102	124	107	119		1002	112828	7079
3	2	4	6	8	9	9	10	11		62	7079	512

X'   **X'X**

um $\mathbf{X'X}$ zu erhalten. Invertieren wir $\mathbf{X'X}$, so erhalten wir

$$(\mathbf{X'X})^{-1} = \begin{pmatrix} 11{,}06367067 & -0{,}1071236056 & 0{,}1413680132 \\ -0{,}1071236056 & 0{,}001104098895 & -0{,}002293461971 \\ 0{,}1413680132 & -0{,}002293461971 & 0{,}01654414156 \end{pmatrix}$$

Durch Multiplikation von $(\mathbf{X}'\,\mathbf{X})^{-1}$ mit dem Produkt aus $\mathbf{X}'\,\mathbf{y}$ erhalten wir schließlich den Regressionskoeffizienten-Vektor $\mathbf{b}$:

									y
									142
									138
									167
									182
									191
									179
									190
									178
									194

X'

1	1	1	1	1	1	1	1	1	1561	
100	95	102	128	125	102	124	107	119	175465	**X'y**
3	2	4	6	8	9	9	10	11	11225	

11,06367067	−0,1071236056	0,1413680132	60,802401
−0,1071236056	0,001104098895	−0,002293461971	0,766654
0,1413680132	−0,002293461971	0,01654414156	3,961153

$(\mathbf{X'X})^{-1}$ **b**

Unsere lineare Stichproben-Regressionsfunktion lautet somit

$$\hat{y} = 60{,}80 + 0{,}77\,x_2 + 3{,}96\,x_3.$$

Um eine Regressionsfunktion berechnen zu können, braucht man mindestens so viele Beobachtungen wie Regressionskoeffizienten zu schätzen sind.

In der Regel werden bei der Kleinstquadrate-Regression folgende Annahmen getroffen: Die Beziehung zwischen der Zielgröße y und den Regressoren ist linear, die Varianz der Reste ist konstant (Homoskedastizität), die Reste sind unabhängig voneinander (nicht autokorreliert) und normalverteilt mit Mittelwert 0 und Varianz σ^2; die Regressoren werden als nichtzufällige (feste) Größen betrachtet, zwischen denen keine funktionale Beziehung besteht.

Unter diesen Annahmen sind die Schätzfunktionen der Kleinstquadrate-Regression erwartungstreu und effizient (vgl. Kapitel 10.2.1), man sagt auch, sie sind BLUE (best linear unbiased estimators). Diese Annahmen sind häufig nicht realitätskonform.

5.1.3.2 Prüfmaße

Bei Regressionshyperebenen kann die Güte der Anpassung nur mehr über statistische Maßzahlen oder Tests beurteilt werden. Für die hier vorgestellten Prüfmaße findet der Leser die Formeln in *J. Puhani*, Kleine Formelsammlung zur Statistik.

Von Interesse wird sein, wie viel Prozent der Varianz der Zielgröße y durch die Regression, d. h. durch die im Ansatz enthaltenen Regressoren $x_2, \ldots, x_k$ erklärt werden können. Dazu berechnen wir das **multiple Bestimmtheitsmaß**,

$$R^2_{y \bullet x_2, \ldots, x_k}, \text{ wobei } 0 \leq R^2_{y \bullet x_2, \ldots, x_k} \leq 1.$$

Für unser Beispiel ergibt sich für das multiple Bestimmtheitsmaß ein Wert von 0,92, d. h. 92 % der Varianz der y-Werte werden durch die Regression, d. h. die Regressoren x_2 und x_3, erklärt, 8 % der Varianz der y-Werte können durch unsere Regression nicht erklärt werden.

Als grobe Richtgröße für die praktische Anwendung mag gelten, dass das multiple Bestimmtheitsmaß (bei Zeitreihen) größer als 0,80 sein sollte. Würden sämtliche y-Werte auf der Regressonsebene liegen, wäre $R^2_{y \bullet x_2, \ldots, x_k} = 1$. Selbst dann, wenn das multiple Bestimmtheitsmaß einen hohen Wert nahe 1 hat, ist noch nicht sichergestellt, dass der Regressionsansatz nur sinnvolle Regressoren beinhaltet.

Das (nicht bereinigte) Bestimmtheitsmaß steigt auch bei einer Hinzufügung von Regressoren, die keinen kausalen Erklärungsgehalt haben. Wir wollen daher wissen, ob jeder der in den Ansatz aufgenommenen Regressoren einen sinnvollen Beitrag zur Erklärung der Zielgröße liefert. Man testet zu diesem Zweck die Hypothese, dass der Regressionskoeffizient des jeweils betrachteten Regressors gleich Null ist (**Signifikanztest** für jede erklärende Variable). Wäre in unserem obigen Beispiel der wahre Regressionskoeffizient des Regressors x_2 nicht gleich 0,77, sondern gleich 0, so würde dies bedeuten, dass x_2 keinen Beitrag zur Erklärung von y liefert.

Der theoretische Hintergrund des Signifikanztests für jede erklärende Variable wird hier nicht erläutert. Für den Praktiker und Anwender von Regressionsprogrammen soll hier folgende Faustregel genügen: Die Hypothese, dass der Regressionskoeffizient des jeweils betrachteten Regressors gleich Null ist und somit dieser Regressor keinen Beitrag zur Erklärung von y leistet, wird verworfen, wenn die Testgröße $t \geq 2$ ist. Man sagt dann, der betrachtete Regressionskoeffizient ist signifikant von Null verschieden.

Da in unserem Beispiel $t_2 = 3{,}47$ und $t_3 = 4{,}63$ sind, schließen wir, dass die Regressionskoeffizienten b_2 und b_3 signifikant von Null verschieden sind und somit die Regressoren x_2 und x_3, und zwar jeder für sich, einen Erklärungsbeitrag für y liefern. Wenn Regressionskoeffizienten nicht signifikant (von Null verschieden) sind, kann dies dadurch verursacht sein, dass entweder zwischen dem betrachteten Regressor und der Zielgröße kein ausreichender Zusammenhang oder zwischen dem betrachteten Regressor und mindestens einem anderen Regressor Kollinearität besteht (siehe unten).

Bei Signifikanz der Regressionskoeffizienten macht es Sinn, auch Vertrauensbereiche (Konfidenzintervalle) für die unbekannten Regressionskoeffizienten der wahren Regressionsfunktion in der Grundgesamtheit anzugeben. Die Grenzen eines Vertrauensbereichs werden derart bestimmt, dass der wahre Wert des Regressionskoeffizienten mit einer vorgegebenen Wahrscheinlichkeit in diesem Intervall liegt. Vertrauensbereiche für Regressionskoeffizienten, für $\hat{y}$- und y-Werte berechnen wir hier nicht. In Kapitel 10.3 wird jedoch der Leser in die Technik zur Konstruktion von Vertrauensbereichen für Parameter einer Grundgesamtheit eingeführt.

Ferner benötigen wir Hinweise dafür, ob ein möglicherweise gewählter *linearer* Ansatz bei den gegebenen Wertetupeln überhaupt adäquat ist oder ein *nichtlinearer* Ansatz besser passen würde oder etwa ein Regressor zur Erklärung bestimmter Schwankungen der Zielgröße im Regressionsansatz fehlt. Dazu bedient man sich – in der Regel dann, wenn es sich bei den Regressoren und der Zielgröße um Zeitreihen handelt – des **Durbin-Watson-Maßes.**

Der Durbin-Watson-Test prüft diese Fragen indirekt über die Messung der **Autokorrelation der Reste** erster Ordnung, d. h. es wird untersucht, ob eine Korrelation der zeitlich jeweils aufeinander folgenden Reste vorliegt. Wenn positiven (negativen) Resten in der Tendenz wiederum positive (negative) Reste folgen, spricht man von positiver oder gleichgerichteter Autokorrelation, z. B.

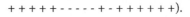

$$+ + + + + - - - - - + - + + + + + +).$$

Wenn positiven (negativen) Resten in der Tendenz negative (positive) Reste folgen, spricht man von negativer oder entgegengerichteter Autokorrelation, z. B.

$$+ - + - + + - + - + - - + - + - + -).$$

Sowohl eine gleich- als auch entgegengerichtete Autokorrelation der Reste ist ein Indiz für eine falsche Funktionswahl und/oder für das Fehlen einer wichtigen erklärenden Variablen. Das Durbin-Watson-Maß (DW) ist so konstruiert, dass es einen Wert nahe 0 annimmt, wenn die Differenzen der zeitlich aufeinander folgenden Reste häufig gering sind. DW kann maximal den Wert 4 annehmen: $0 \leq DW \leq 4$.

Ein Wert nahe 0 deutet auf eine vorliegende gleichgerichtete, ein Wert nahe 4 auf eine vorliegende entgegengerichtete Autokorrelation der Reste hin.

Die zur Berechnung von DW benötigten Reste erhalten wir aus den Differenzen der beobachteten (y_i) und der geschätzten Werte ($\hat{y}_i$) der Zielgröße. In unserem Beispiel ergibt sich für DW ein Wert von 1,85.

Als Faustregel für den Praktiker mag dienen, dass ein Wert für DW zwischen 1,5 und 2,5 tolerierbar, d. h. ein Indiz dafür ist, dass keine signifikante Autokorrelation vorliegt.

Da bei einer vorgegebenen Irrtumswahrscheinlichkeit die kritischen Grenzen auch vom Stichprobenumfang und der Anzahl der Regressoren abhängig sind, müssten streng genommen in jedem Einzelfall die kritischen Grenzen aus einer Tabelle für die Durbin-Watson-Teststatistik abgelesen werden. So ergäben sich z. B. bei einer Irrtumswahrscheinlichkeit von 5 %, bei einem Stichprobenumfang von 15 Wertetupeln und zwei Regressoren (ohne die Scheinvariable) als kritische Grenzen 1,543 und 2,457. Bei 40 Wertetupeln ergäben sich ceteris paribus als kritische Grenzen 1,6 und 2,4 (vgl. *W. H. Greene*, Econometric Analysis).

Eine höhere Anzahl von Regressoren bedeutet nicht immer eine Verbesserung des Regressionsmodells.

Wenn in einem multiplen Regressionsansatz ein starker Zusammenhang zwischen zwei oder mehreren erklärenden oder einer Kombination von erklärenden Variablen besteht (**Multikollinearität**), hat dies unerwünschte Auswirkungen. Nur geringfügige Änderungen – sogar Rundungen – oder nur wenige zusätzliche Stichprobentupel können dann erhebliche Änderungen der Werte oder gar des Vorzeichens der Regressionskoeffizienten hervorrufen. Die Regressionskoeffizienten werden bei Multikollinearität unzuverlässig (instabil).

Die für einen Regressionsansatz ausgewählten Regressoren sollen mit der Zielgröße y möglichst hochkorreliert, untereinander jedoch möglichst schwachkorreliert sein.

Ob Multikollinearität vorliegt, also zwei oder mehr der Regressoren paarweise hochkorreliert sind, überprüfen wir anhand einer **Korrelationsmatrix,** in der die Korrelation zwischen jeweils zwei Variablen in Form des Korrelationskoeffizienten oder des Bestimmtheitsmaßes wiedergegeben wird.

Für unser Beispiel geben wir in folgender Matrix die paarweisen Bestimmtheitsmaße an:

R^2	y	x_2	x_3
y	1	0,6446213845	0,7664151519
x_2	0,6446213845	1	0,2879591442
x_3	0,7664151519	0,2879591442	1

Wir erhalten hier wünschenswerte Ergebnisse. Die Regressoren x_2 und x_3 sind untereinander nicht hochkorreliert: $R^2_{x_2 \bullet x_3} \approx 0{,}29$. Die Werte (0,645; 0,766) in der ersten Zeile bzw. ersten Spalte der Matrix zeigen, dass die Regressoren auch jeweils für sich allein mit der Zielgröße y korreliert sind. Der Regressor x_3 würde also, wenn x_3 der einzige Regressor im Regressionsansatz wäre, 77 % der Varianz der y-Werte erklären. (Die Regressoren x_2 und x_3 *zusammen* erklären – siehe multiples Bestimmtheitsmaß oben – 92 % der Varianz der y-Werte).

Man kann keine Grenze festlegen, ab der die paarweise Korrelation zwischen den Regressoren dazu führt, dass man die Einflüsse der einzelnen Regressoren nicht mehr auseinander halten kann. Wünschenswert ist, dass die paarweisen Bestimmtheitsmaße zwischen den Regressoren wesentlich kleiner sind als das multiple Bestimmtheitsmaß. Dies ist in unserem Beispiel ($R^2_{x_2 \bullet x_3} \approx 0{,}29$; $R^2_{y \bullet x_2, x_3} \approx 0{,}92$) der Fall.

Zur Vermeidung oder Verringerung der Multikollinearität werden verschiedene Methoden empfohlen oder praktiziert, die jedoch in der Regel auch mit unerwünschten Nebenwirkungen verbunden sind. Eine Möglichkeit wäre die Beseitigung einer oder mehrerer korrelierender Regressoren. Bei Kollinearität zwischen zwei Regressoren wird man denjenigen aus der Regressionsgleichung streichen, der die geringere Korrelation mit der Zielgröße hat.

Es wäre allerdings unzulässig zu folgern, dass die eliminierten Regressoren keinen Einfluss auf die Zielgröße haben; man kann allenfalls sagen, dass die eliminierten Regressoren bei gleichzeitiger Berücksichtigung der übrigen Regressoren keinen wesentlichen *zusätzlichen* Beitrag zur Erklärung der Zielgröße liefern.

Wenn die hohe Korrelation zwischen den Regressoren in gleichartigen Trendverläufen begründet ist, kann man die Multikollinearität durch Trendbereinigung aller Variablen (Bildung der ersten Differenzen für aufeinander folgende Werte) beseitigen.

Eine weitere Möglichkeit wäre, dass man aus den vorhandenen Daten der beobachteten Regressoren künstliche konstruiert, z. B. dadurch, dass man aus zwei kollinearen Beobachtungsvektoren etwa durch Mittelbildung *einen* Regressor konstruiert. Man kann sich dabei allerdings dem Vorwurf aussetzen, dass der konstruierte Regressor inhaltlich nicht mehr interpretierbar ist.

Auf weitere mögliche Prüfmaße für die Güte eines multiplen Regressionsansatzes wird in dieser Einführung ebenso verzichtet wie auf eine Herleitung der Formeln für die hier vorgestellten Prüfmaße.

5.1.3.3   Prognose mithilfe von Frühindikatoren

Die Methode der multiplen Regression hat ein breites Einsatzfeld in der **Prognosetechnik** gefunden. Sofern die Regressoren einen zeitlichen Vorlauf (lead) gegenüber der Zielgröße haben, die Prüfgrößen auf eine passende Modellspezifikation hindeuten und die grundlegenden Annahmen der Regressionsanalyse (siehe Kapitel 5.1.3.1) nicht grob verletzt sind, können Ex-ante-Prognosen durchgeführt werden.

Sollen z. B. die Auftragseingänge von Installationsgeräten (y) prognostiziert werden, könnte man einen Ansatz verwenden, der als zeitversetzte Regressoren

- die Baugenehmigungen im Hochbau (BAUG),
- die Reichweite der Auftragsbestände im Hochbau (RAB) und
- die Auftragsbestandsbeurteilung im Hochbau (ABB; ein Indikator, der zusammen mit anderen Indikatoren monatlich vom ifo-Institut für Wirtschaftsforschung ermittelt wird)

beinhaltet:

$$\hat{y}_i = b_1 + b_2\,\mathrm{BAUG}_{i-6} + b_3\,\mathrm{RAB}_{i-4} + b_4\,\mathrm{ABB}_{i-3}$$

Bei diesem Ansatz hätte man einen Prognosehorizont von drei Perioden.

5.2 Zusammenhänge zwischen zwei ordinal skalierten Merkmalen

Liegen zwei ordinal skalierte Merkmale vor (z. B. Noten bei einem Leistungstest, Ordnungsnummern der Kandidaten nach allgemeiner Beurteilung durch den Seminarleiter), so ist die Stärke des Zusammenhangs durch den **Spearman'schen Rangkorrelationskoeffizienten** r_S bestimmbar.

Man kann aber auch die Ausprägungen metrisch skalierter Merkmale der Größe nach ordnen und ihnen entsprechende Rangwerte zuordnen. Die Transformation von Messwerten in Rangwerte und die Berechnung des Rangkorrelationskoeffizienten r_S anstelle des Bravais-Pearson'schen Korrelationskoeffizienten r ist zwar rechentechnisch einfacher, führt jedoch zu Informationsverlusten. Betragen z. B. die ersten drei der geordneten Messwerte 2; 4; 9; …, so wird durch die Ränge 1; 2; 3; … den unterschiedlichen Messdifferenzen nicht mehr Rechnung getragen. Ist nur ein Merkmal metrisch, das andere ordinal skaliert, so sind zunächst die Ausprägungen des metrischen Merkmals in Ränge zu verwandeln, um dann r_S zu berechnen.

Beispiel zur Berechnung von r_S bei zwei ordinal skalierten Merkmalen: Zwei Juroren beurteilen sieben Damen bei einer Schönheitskonkurrenz.

Tabelle 5.2 Berechnung des Rangkorrelationskoeffizienten nach Spearman

Kandidatin	Beurteilung durch Juror 1	Beurteilung durch Juror 2	Rechenteil	
	Rangplatz (x_i')	Rangplatz (y_i')	$d_i = x_i' - y_i'$	d_i^2
A	1	3	–2	4
B	2	1	1	1
C	7	5	2	4
D	4	2	2	4
E	5	6	–1	1
F	6	7	–1	1
G	3	4	–1	1
Summe				16

Inwieweit stimmen die Beurteilungen der beiden Juroren überein?

Lösung: Die Formel für r_S, die aus (5.6) herleitbar ist, indem man für x_i und y_i die jeweiligen Ränge x_i' und y_i' einsetzt, lautet, wenn kein Rang mehrfach besetzt ist:

$$r_S = 1 - \frac{6 \cdot \sum_{i=1}^{n} d_i^2}{n(n^2 - 1)} \tag{5.10}$$

wobei d_i die Differenzen und n die Anzahl der Rangpaare x_i', y_i' sind.

$$r_S = 1 - \frac{6 \cdot 16}{7 \cdot (49 - 1)} \approx 0{,}71.$$

Der Rangkorrelationskoeffizient r_S bildet nur lineare Zusammenhänge der Ränge richtig ab. Er kann nur Werte zwischen –1 und +1 annehmen. Ein nahe bei –1 (+1) liegender Wert von r_S weist auf einen starken entgegengerichteten (gleichgerichteten) Zusammenhang zwischen den betrachteten Merkmalen hin.

In unserem Beispiel ($r_S = 0{,}71$) ergibt sich zwar keine sehr starke, aber immerhin deutliche Übereinstimmung der beiden Juroren in der Beurteilung der sieben Damen.

Beispiel zur Berechnung von r_S bei zwei metrisch skalierten Merkmalen:

Tabelle 5.3 Berechnung des Rangkorrelationskoeffizienten nach Spearman

Elementnummer (i)	Merkmal X (x_i)	Merkmal Y (y_i)	Merkmal X Rangwert (x_i')	Merkmal Y Rangwert (y_i')	d_i^2
1	1	0	1	1	0
2	2	0,5	2	2	0
3	4	0,75	3	3	0
4	5	0,8	4	4	0
5	8	0,875	5	5	0
6	10	0,9	6	6	0
Summe					0

Zeichnete man die Punktwolke der gegebenen Wertepaare x_i, y_i, so könnte man erkennen, dass alle Punkte auf der Funktion $y = 1 - \frac{1}{x}$ lägen, also ein funktionaler und somit stärkstmöglicher Zusammenhang vorliegt.

Würde man hier fälschlicherweise (nichtlinearer Zusammenhang!) den Bravais-Pearson'schen Korrelationskoeffizienten r berechnen, so ergäbe sich nur ein r von ca. 0,82, obwohl ein funktionaler Zusammenhang besteht.

Berechnet man r_S, so erhalten wir:

$$r_S = 1 - \frac{6 \cdot 0}{6 \cdot 35} = 1.$$

Daraus kann allerdings nicht allgemein geschlossen werden, dass man mit r_S nichtlineare funktionale Zusammenhänge nachweisen kann. Man beachte, dass r_S bei *jeder* Folge streng monoton steigender Beobachtungswerte den Wert 1 annimmt. Bei Beobachtungswerten, die einer quadratischen Funktion genügen, wird r_S nicht den Wert 1 annehmen.

Die Formel für den Spearman'schen Rangkorrelationskoeffizienten r_S erfordert Korrekturen, wenn einzelne Merkmalsausprägungen der Merkmale X bzw. Y und damit auch die zugehörigen Ränge mehrfach auftreten (vgl. Tabelle 5.4).

Tabelle 5.4 Mehrfach besetzte Ränge

Merkmal X	
Messwert	**Rangwert**
1	1,5
1	1,5
2	3,5
2	3,5
3	5

Damit die Aussagekraft des Rangkorrelationskoeffizienten r_S nicht zu sehr beeinträchtigt wird, sollte die Anzahl der Rangpaare mindestens 5 sein.

5.3 Zusammenhänge zwischen zwei nominal skalierten Merkmalen

Liegen zwei nominal skalierte Merkmale vor, so kann die Stärke des Zusammenhangs durch einen **Kontingenzkoeffizienten** beschrieben werden.

Für den Fall, dass jedes Merkmal nur zwei alternative Ausprägungen bzw. Klassen hat, lässt sich eine Maßzahl für die Stärke des Zusammenhangs direkt aus den Tabellenbesetzungen berechnen:

Tabelle 5.5 Vierfeldertabelle

Einstellung zum neuen Klimapaket	Geschlecht		Summe
	männlich	weiblich	
positiv	$15 = n_{11}$	$45 = n_{12}$	$60 = n_{1.}$
negativ	$35 = n_{21}$	$5 = n_{22}$	$40 = n_{2.}$
Summe	$50 = n_{.1}$	$50 = n_{.2}$	$100 = n$

$$r_\Phi = \frac{n_{12}n_{21} - n_{11}n_{22}}{\sqrt{(n_{11} + n_{12})(n_{21} + n_{22})(n_{11} + n_{21})(n_{12} + n_{22})}}$$

$$= \frac{45 \cdot 35 - 15 \cdot 5}{60 \cdot 40 \cdot 50 \cdot 50} \approx 0{,}612.$$

r_Φ wird als **Vierfelderkoeffizient** oder **Φ-(Phi-)Koeffizient** für eine Vierfeldertabelle bezeichnet. Hätten wir die Merkmalsausprägungen bzw. -klassen in Tabelle 5.5 anders angeordnet (vgl. Tabelle 5.6), oder im Zähler von Formel (5.11) $n_{11}n_{22} - n_{12}n_{21}$ statt $n_{12}n_{21} - n_{11}n_{22}$ geschrieben, so errechnete sich ein r_Φ von $-0{,}612$. Das Vorzeichen ist hier also lediglich von der Tabellenanordnung abhängig und sagt nichts über die Richtung des Zusammenhangs aus.

Tabelle 5.6 Vierfeldertabelle

	weiblich	männlich
positiv	45	15
negativ	5	35

Ein Problem bei der Interpretation von $|r_\Phi|$ liegt darin, dass bei gegebenen Randsummen das maximale $|r_\Phi|$ nicht gleich 1 ist.

Ein $|r_\Phi|$ von 1 ergäbe sich nur dann, wenn bei gegebenen Randsummen n_{11} und n_{22} oder n_{12} und n_{21}, also die Elemente der Haupt- oder der Nebendiagonalen gleich 0 wären. Bei den gegebenen Randsummen in unserem Zahlenbeispiel ist dies unmöglich.

Man erhält $|r_{\Phi_{max}}|$ dadurch, dass man dem am schwächsten besetzten Feld des kleineren Produkts aus $n_{11}n_{22}$ oder $n_{12}n_{21}$ (also nicht notwendigerweise dem kleinsten Element der Vierfeldertabelle) die 0 zuordnet und die übrigen Felder – den Randsummen entsprechend – abändert (vgl. P. V. Zysno 1997).

Aus Tabelle 5.5 erhalten wir auf diese Weise Tabelle 5.7:

Tabelle 5.7 Berechnung von $r_{\Phi_{max}}$

	männlich	weiblich	Summe
positiv	10	50	60
negativ	40	0	40
Summe	50	50	100

$$r_{\Phi max} \approx 0{,}816.$$

Als korrigierter Vierfelderkoeffzient ergibt sich dann

$$r_{\Phi korr} = \frac{r_{\Phi}}{r_{\Phi max}} = \frac{0{,}612}{0{,}816} = 0{,}75. \tag{5.11}$$

Den korrigierten Vierfelderkoeffizienten kann man auch direkt nach folgender Formel berechnen:

$$r_{\Phi korr} = \frac{n_{12}n_{21} - n_{11}n_{22}}{n \cdot \min(n_{11}, n_{22}) + n_{12}n_{21} - n_{11}n_{22}}, \text{ wenn } n_{12}n_{21} \geq n_{11}n_{22}.$$

$$\tag{5.12}$$

$$r_{\Phi korr} = \frac{n_{12}n_{21} - n_{11}n_{22}}{n \cdot \min(n_{12}, n_{21}) - n_{12}n_{21} + n_{11}n_{22}}, \text{ wenn } n_{12}n_{21} < n_{11}n_{22}.$$

Aus unserem Zahlenbeispiel (Tabelle 5.5) errechnen wir bei Verwendung von (5.13)

$$r_{\Phi korr} = \frac{45 \cdot 35 - 15 \cdot 5}{100 \cdot 5 + 45 \cdot 35 - 15 \cdot 5} = 0{,}75.$$

$$0 \leq |r_{\Phi korr}| \leq 1$$

Der erhaltene Wert von 0,75 deutet auf einen engeren Zusammenhang zwischen den Merkmalen Geschlecht und Einstellung zum neuen Klimapaket hin.

Die Berechnung einer Kennzahl für die Stärke des Zusammenhangs stellt zwar bei der Betrachtung einer einzigen Vierfeldertabelle keinen wesentlichen Informationsgewinn dar, da aus den Besetzungszahlen grob dieselbe Erkenntnis gewonnen werden kann; sehr nützlich dagegen ist der **Vergleich von Vierfelderkoeffizienten im Mehrstichprobenfall.** In unserem Beispiel könnte von Interesse sein, ob sich wesentliche Unterschiede bezüglich der Stärke des Zusammenhangs bei Stichproben aus unterschiedlichen sozialen Schichten ergäben.

Für den Fall, dass die nominal skalierten Merkmale mehr als zwei Ausprägungen bzw. Klassen haben (vgl. Tabelle 5.8), sind rechentechnisch aufwändigere Kontingenzkoeffizienten zu berechnen.

Die Berechnung eines Kontingenzkoeffizienten zur Beschreibung der Stärke des Zusammenhangs ist nur sinnvoll, wenn ein mehr als zufälliger Zusammenhang zwischen den betrachteten Merkmalen vorliegt.

Mithilfe des χ^2-Unabhängigkeitstests (vgl. Kapitel 10.4.4) kann dies zunächst geprüft werden, wobei

$$\chi^2 = \sum_{i=1}^{k} \sum_{j=1}^{l} \frac{(n_{ij} - \frac{n_{i.}n_{.j}}{n})^2}{\frac{n_{i.}n_{.j}}{n}} ;$$

k = Anzahl der Zeilen;
l = Anzahl der Spalten der Kontingenztabelle

Die Testgröße χ^2 basiert auf einem Vergleich der beobachteten Häufigkeiten n_{ij} mit den Häufigkeiten, die bei Unabhängigkeit der betrachteten Merkmale zu erwarten wären.

Zwischen dem Phi-Koeffizienten und χ^2 besteht nun ein direkter Zusammenhang, den der Leser anhand unserer Vierfeldertabelle (Tabelle 5.5) leicht nachvollziehen kann:

$$r_\Phi^2 = \frac{\chi^2}{n} \text{ bzw. } r_\Phi = \sqrt{\frac{\chi^2}{n}}$$

$\frac{\chi^2}{n}$ wird auch als mittlere quadratische Kontingenz bezeichnet.

$$\frac{\chi^2}{n} = \frac{1}{n} \sum_{i=1}^{k} \sum_{j=1}^{l} \frac{(n_{ij} - \frac{n_{i.}n_{.j}}{n})^2}{\frac{n_{i.}n_{.j}}{n}} . \tag{5.13}$$

Tabelle 5.8 Kontingenztabelle

Einstellung zum neuen Klimapaket	Präferierte politische Partei				Summe
	A	B	C	Sonstige	
positiv	45	40	20	20	125
negativ	32	10	18	15	75
Summe	77	50	38	35	200

Aus der Kontingenztabelle (Tabelle 5.8) errechnen wir mithilfe der Arbeitstabelle (Tabelle 5.9) einen Wert für die mittlere quadratische Kontingenz von $\frac{9,08}{200} = 0,0454$. Ohne Kenntnis der möglichen Extremwerte sagt uns dieses Ergebnis so gut wie nichts. Der maximale Wert, den die mittlere quadratische Kontingenz annehmen kann, ist für eine beliebige Kontingenztabelle aus min $(k, l) - 1$ zu berechnen. Der kleinste denkbare Wert für die mittlere quadratische Kontingenz ist 0. In unserem Beispiel (vgl. Tabelle 5.8) mit zwei Zeilen und vier Spalten ist also der maximale Wert gleich 1. Der errechnete Wert von 0,0454 liegt nahe bei 0; d. h. einen deutlichen Hinweis auf eine Abhängigkeit der betrachteten Merkmale konnten wir nicht erhalten.

Tabelle 5.9 Arbeitstabelle zur Berechnung der mittleren quadratischen Kontingenz (vgl. Tabelle 5.8)

n_{ij}	$\frac{n_{i\cdot}\,n_{\cdot j}}{n}$	$(n_{ij} - \frac{n_{i\cdot}\,n_{\cdot j}}{n})^2$	$\frac{(n_{ij} - \frac{n_{i\cdot}\,n_{\cdot j}}{n})^2}{\frac{n_{i\cdot}\,n_{\cdot j}}{n}}$
45	48,125*	9,77	0,20
40	31,250**	76,56	2,45
20	23,750	14,06	0,59
20	21,875	3,52	0,16
32	28,875	9,77	0,34
10	18,750	76,56	4,08
18	14,250	14,06	0,99
15	13,125	3,52	0,27
Summe			9,08

$*48,125 = \frac{125 \cdot 77}{200}$; $**31,25 = \frac{125 \cdot 50}{200}$.

Man beachte auch, dass die mittlere quadratische Kontingenz umso weniger aussagefähig wird, desto mehr Ausprägungen die betrachteten Merkmale haben, da sie die Stärke des Zusammenhangs zwischen zwei Merkmalen nur global auszudrücken vermag, jedoch nicht erkennen lässt, welche Ausprägung des einen Merkmals mit welcher (welchen) Ausprägung(en) des anderen Merkmals in Beziehung steht.

5.4   Logit- und Probit-Modelle

Bei der in Kapitel 5.1 betrachteten linearen Regression ist die abhängige Variable (der Regressand) metrisch skaliert.

Ist nun die abhängige Variable nicht metrisch, sondern nominal skaliert mit nur zwei Ausprägungen, nennt man sie binär. Eine binäre Variable kann z. B. nur Werte von 0 – 1, ja – nein, positiv – negativ, arbeitslos – nicht arbeitslos, brauchbar – unbrauchbar annehmen.

Logit- und Probit-Modelle sind datenanalytische Verfahren, mit denen der Einfluss mehrerer erklärender Variablen (Regressoren) auf eine abhängige binäre Variable geschätzt wird. Die Regressoren können eine beliebige Skalierung (vgl. Kap.1.1.1) aufweisen.

So kann man z. B. versuchen, mit den Regressoren Alter, Bildung, Einkommen, Familiengröße, Konsumausgaben pro Monat und weiteren Finanzdaten abzuschätzen, mit welcher Wahrscheinlichkeit ein Kunde ein Dispo-Kreditangebot der Bank annimmt, oder eine Flugverspätung vom Wetter, der Tageszeit, der Fluggesellschaft und vom Ab- und Zielflughafen abhängt (vgl. Galit Shmueli, et al., 2018).

Ein weiteres Beispiel ist eine Analyse zu den Effekten des Einschulalters auf die Wahrscheinlichkeit, nach der Grundschüler das Gymnasium besuchen (vgl. Patrick A. Puhani, Andrea M. Weber , 2007)).

Logit- und Probit-Modelle unterscheiden sich dadurch, dass man bei Logit-Modellen mithilfe einer logistischen Verteilungsfunktion (vgl. z. B. David W. Hosmer Jr., et al., 2013) und bei Probitmodellen mithilfe der Verteilungsfunktion einer Normalverteilung (vgl. Kapitel 9.6.1) den Effekt der Regressoren auf die Wahrscheinlichkeit dafür bestimmt, dass der Regressand den Wert 0 bzw. 1 annimmt. In den meisten Fällen liefern sie sehr ähnliche Ergebnisse.

Elemente der Zeitreihenanalyse

6

6.1 Komponenten einer Zeitreihe

Die Ursprungswerte (Beobachtungswerte) einer aus ökonomischen Daten bestehenden Zeitreihe können durch einen langfristigen Wachstumspfad, durch zyklische Bewegungen mit einer Periodenlänge von mehreren Jahren, durch zyklische Bewegungen, die sich innerhalb eines Jahres vollziehen, und durch nicht regelmäßige Einflüsse bestimmt sein. Jede dieser Einflussgrößen wird mit mehr oder weniger Gewicht zum Zustandekommen der Ursprungswerte y beitragen.

Bei der Analyse einer Zeitreihe begnügt man sich nicht damit, die Veränderungen der Ursprungswerte festzustellen, sondern man versucht, einzelne Komponenten isoliert zu erfassen.

Das Zusammenwirken der Komponenten kann in verschiedener Weise erfolgen. Sofern die übrigen Komponenten vom Trendniveau der Zeitreihe unabhängig sind, liegt **additive Überlagerung** von Trend (tk), Konjunktur- (kk), Saison- (sk) und irregulärer Komponente (ik) vor:

$$y = tk + kk + sk + ik,$$

wobei man $tk + kk = gk$ glatte Komponente nennt.

Falls angenommen werden kann, dass die übrigen Komponenten mit steigendem Trendniveau zunehmen, d. h. sich proportional zum Trend verhalten, liegt **multiplikative Verbundenheit** vor:

$$y = tk \cdot kk \cdot sk \cdot ik.$$

© Springer Fachmedien Wiesbaden GmbH, ein Teil von Springer Nature 2020
J. Puhani, *Statistik*, https://doi.org/10.1007/978-3-658-28955-3_7

Durch Logarithmierung der Zeitreihe erhält man auch hier eine additive Verknüpfung logarithmierter Komponenten.

Im folgenden Abschnitt gehen wir von einem additiven Zeitreihenansatz aus.

6.2 Saisonbereinigung

Saisonschwankungen sind zyklische Bewegungen, die sich im Jahresrhythmus ziemlich regelmäßig wiederholen und für jeden Jahresabschnitt ein typisches Bild zeigen.

Ursachen für saisonale Schwankungen können z. B. Werksferien, Feiertage, Witterung sowie von der Jahreszeit abhängige Nachfragewellen sein.

Ein einfaches Verfahren zur Eliminierung der Saisonkomponente ist die **Methode der gleitenden Durchschnitte.**

Sind z. B. Dritteljahresdaten von sieben aufeinander folgenden Jahren gegeben –

$$y_1, y_2, \ldots, y_{21};$$

wobei y_1 der erste Dritteljahreswert des ersten und y_{21} der dritte Dritteljahreswert des siebten Jahres sind –, kann man bei Durchschnitten von jeweils drei aufeinander folgenden Ursprungsdaten davon ausgehen, dass die Saisonkomponente eliminiert ist, wenn wir voraussetzen, dass sich die Saisoneinflüsse innerhalb eines Jahres ausgleichen und die Saisonfigur über die Jahre hinweg konstant ist.

$$\tilde{y}_2 = \frac{y_1 + y_2 + y_3}{3} = \frac{gk_1 + gk_2 + gk_3}{3} + \frac{sk_1 + sk_2 + sk_3}{3} + \frac{ik_1 + ik_2 + ik_3}{3};$$

$$\tilde{y}_3 = \frac{y_2 + y_3 + y_4}{3} = \frac{gk_2 + gk_3 + gk_4}{3} + \frac{sk_2 + sk_3 + sk_4}{3} + \frac{ik_2 + ik_3 + ik_4}{3};$$

$$\vdots$$

$$\tilde{y}_{20} = \frac{y_{19} + y_{20} + y_{21}}{3} = \frac{gk_{19} + gk_{20} + gk_{21}}{3} + \frac{sk_{19} + sk_{20} + sk_{21}}{3} + \frac{ik_{19} + ik_{20} + ik_{21}}{3}$$

Die Werte des gleitenden Durchchnitts $\tilde{y}_i$ haben wir dem jeweils „mittleren" Dritteljahr zugeordnet.

Unter den genannten Voraussetzungen gilt dann:

$$\frac{sk_1 + sk_2 + sk_3}{3} = \frac{sk_2 + sk_3 + sk_4}{3} = \cdots = \frac{sk_{19} + sk_{20} + sk_{21}}{3} = 0$$

Es ist denkbar, dass durch die Mittelbildung auch die irregulären Einflüsse annähernd eliminiert sind. Das wird allerdings nur dann der Fall sein, wenn sich positive und negative Einflüsse innerhalb von drei aufeinander folgenden Dritteljahreswerten gegenseitig aufheben, was man im Allgemeinen nicht erwarten kann.

Wir erhalten somit:

$$\tilde{y}_2 = \frac{gk_1 + gk_2 + gk_3}{3} + \frac{ik_1 + ik_2 + ik_3}{3};$$

$$\tilde{y}_3 = \frac{gk_2 + gk_3 + gk_4}{3} + \frac{ik_2 + ik_3 + ik_4}{3};$$

$$\vdots$$

$$\tilde{y}_{20} = \frac{gk_{19} + gk_{20} + gk_{21}}{3} + \frac{ik_{19} + ik_{20} + ik_{21}}{3}$$

Man sieht hierbei, dass die Methode der gleitenden Durchschnitte nicht nur zu einer Glättung der irregulären, sondern auch der glatten Komponente führt.

Nur unter der Voraussetzung, dass sich die irregulären Einflüsse gegenseitig aufheben und die glatte Komponente linear verläuft, gilt:

$$\tilde{y}_2 = gk_2;$$
$$\tilde{y}_3 = gk_3;$$
$$\vdots$$
$$\tilde{y}_{20} = gk_{20}.$$

Tatsächlich können wir die ermittelten Durchschnitte lediglich als Näherungswerte für die glatte Komponente betrachten.

Bei dem gezeigten Verfahren entstehen außerdem **Informationsverluste** am Anfang und Ende der Zeitreihe. Bei Dritteljahreswerten fehlt jeweils ein, bei Monatswerten fehlen jeweils sechs Werte der geglätteten Reihe.

Will man die Informationsverluste an den Enden der Reihe vermeiden, muss man typische Saisoneinflüsse für gleichnamige Jahresabschnitte berechnen. Betrachten wir hierzu das Zahlenbeispiel in Tabelle 6.1. Für einen Zeitraum von fünf Jahren sind Quartalsdaten für die Umsätze (y_i; $i = 1, \ldots, 20$) eines Unternehmens gegeben.

Zunächst bilden wir – da Quartalsdaten gegeben sind – gleitende Viererdurchschnitte zur (näherungsweisen) Ermittlung der glatten Komponente. Bei einem gleitenden Vierer- oder sonstigen geradzahligen Durchschnitt ergibt sich allerdings ein Zuordnungsproblem für die ermittelten Durchschnittswerte, da man diese nur auf ganzzahlige Quartale beziehen kann. Das Problem löst man dadurch, dass jeweils fünf Quartalswerte, der erste und fünfte jedoch nur mit halbem Gewicht, in den Viererdurchschnitt eingehen. Dieser wird dann dem jeweils mittleren Quartal zugeordnet:

$$\tilde{y}_3 = \frac{\frac{1}{2} \cdot y_1 + y_2 + y_3 + y_4 + \frac{1}{2} \cdot y_5}{4};$$

aus unserem Zahlenbeispiel erhalten wir für

$$\tilde{y}_3 = \frac{10 + 21 + 28 + 29 + 14{,}5}{4} = 25{,}6 \text{ [Mio EUR].}$$

Die Differenz zwischen den Ursprungsdaten und den zugehörigen Durchschnittswerten liefert uns dann die Saisoneinflüsse, die allerdings durch irreguläre Einflüsse überlagert sind (vgl. Tabelle 6.1):

$$y - \tilde{y} \approx y - gk = sk + ik.$$

Tabelle 6.1   Quartalsumsätze eines Unternehmens (Mio. EUR)

Jahr/ Quartal	Ursprungs- werte	Gleitende Vierer- durchschnitte	$sk_i^* = y_i - \tilde{y}_i$					Saison- bereinig- te Werte	
	y_i	$\tilde{y}_i \approx gk_i$	I	II	III	IV	sk_i	$y_i - sk_i$	ik_i
1. I	20						−2,4	22,4	
II	21						−1,5	22,5	
III	28	25,6			2,4		2,7	25,3	−0,3
IV	29	28,1				0,9	1,2	27,8	−0,3
2. I	29	30,6	−1,6				−2,4	31,4	0,8
II	32	32,4		−0,4			−1,5	33,5	1,1
III	37	33,8			3,2		2,7	34,3	0,5
IV	34	35,1				−1,1	1,2	32,8	−2,3
3. I	35	36,6	−1,6				−2,4	37,4	0,8
II	37	38,9		−1,9			−1,5	38,5	−0,4
III	44	40,9			3,1		2,7	41,3	0,4
IV	45	42,1				2,9	1,2	43,8	1,7
4. I	40	43,3	−3,3				−2,4	42,4	−0,9
II	42	44,4		−2,4			−1,5	43,5	−0,9
III	48	45,9			2,1		2,7	45,3	−0,6
IV	50	47,9				2,1	1,2	48,8	0,9
5. I	47	50,1	−3,1				−2,4	49,4	−0,7
II	51	52,3		−1,3			−1,5	52,5	0,2
III	57						2,7	54,3	
IV	58						1,2	56,8	

$$\overline{sk_I^*} = -2,4 \quad \overline{sk_{II}^*} = -1,5 \quad \overline{sk_{III}^*} = 2,7 \quad \overline{sk_{IV}^*} = 1,2$$

Um für die einzelnen Quartale j (j = I, ... , IV) typische Saisonbewegungen, also eine konstante Saisonfigur zu erhalten, berechnen wir für jeweils gleichnamige Jahresabschnitte die durchschnittliche Abweichung $\overline{sk_j^*}$ der Ursprungsreihe von der (näherungsweise) ermittelten glatten Komponente (vgl. Tabelle 6.1):

$$\overline{sk_I^*} = -2{,}4; \ \overline{sk_{II}^*} = -1{,}5; \ \overline{sk_{III}^*} = 2{,}7; \ \overline{sk_{IV}^*} = 1{,}2.$$

Da in unserem Zahlenbeispiel $\sum_{j=\mathrm{I}}^{IV} \overline{sk_j^*} = 0$, können wir die $\overline{sk_j^*}$-Werte als typische Saisonkomponenten sk_j betrachten.

Ergäbe sich als Summe ein von Null abweichender Wert a, so müsste man – der Annahme entsprechend, dass die Summe der Saisoneinflüsse innerhalb eines Jahres gleich Null ist – die erhaltene Saisonfigur korrigieren:

$$sk_j = \overline{sk_j^*} - \frac{a}{4}.$$

Sind die Saisonkomponenten sk_j > 0 (< 0), so zeigt dies, dass die Ursprungswerte im betrachteten Quartal durch saisonale Einflüsse erhöht (gemindert) waren. Gäbe es überhaupt keine saisonalen Einflüsse, müsste sk_j für alle j gleich 0 sein.

Die **saisonbereinigte Reihe** erhält man schließlich dadurch, dass man von den Ursprungsdaten die jeweils zugehörigen Saisonkomponenten abzieht (vgl. Tabelle 6.1).

Die saisonbereinigte Reihe

$$y - sk$$

enthält außer der glatten Komponente auch noch irreguläre Reste:

$$y - sk = gk + ik.$$

Lägen Monatswerte vor und enthielte die saisonbereinigte Reihe einen hohen Anteil unerwünschter irregulärer Reste, so könnte man auf die saisonbereinigte Reihe von Monatswerten das Verfahren eines gleitenden Dreierdurchschnitts anwenden. Die Reihe der geglätteten saisonbereinigten Werte gäbe dann in etwa die glatte Komponente plus einen verbliebenen geringen Teil irregulärer Einflüsse wieder. Bei Quartalsdaten wäre eine Glättung der saisonbereinigten Reihe zur Ausschaltung der Irregulären schon erheblich problematischer, da dann auch die systematischen Komponenten u. U. spürbar geglättet würden.

In unserem Modell ergibt sich die irreguläre Komponente als Rest der Bereinigung der Ursprungsdaten von allen definierten systematischen Komponenten (vgl. Tabelle 6.1):

$$y - gk - sk = ik.$$

Im Idealfall müsste der Zeitreihenverlauf der irregulären Reste zufällig (white noise) sein.

6.3 Bestimmung der Trendkomponente

Liegen Beobachtungen über mehrere Jahre vor, kann eine Trennung der glatten Komponente bzw. der (geglätteten) saisonbereinigten Reihe in Trend- und Konjunkturkomponente erfolgen. Erstreckt sich eine Zeitreihe nur über wenige Jahre, ist eine Trennung von Trend und Konjunktur unangebracht. Liegt eine Zeitreihe in Form von Jahreswerten vor, so kann diese als saisonbereinigte Reihe betrachtet werden.

Tabelle 6.2 Berechnung der Trendkomponente nach der Methode der kleinsten Quadrate

Jahre	Umsätze (Mio. EUR)		
t_i	y_i	$t_i y_i$	t_i^2
1	1,0	1,0	1
2	3,1	6,2	4
3	3,6	10,8	9
4	3,1	12,4	16
5	2,5	12,5	25
6	2,8	16,8	36
7	3,8	26,6	49
8	5,2	41,6	64
9	6,0	54,0	81
10	5,5	55,0	100
11	4,7	51,7	121
12	5,0	60,0	144
13	5,7	74,1	169
14	6,6	92,4	196
15	7,7	115,5	225
16	7,3	116,8	256
17	8,0	136,0	289
18	8,6	154,8	324
19	8,4	159,6	361
190	**98,6**	**1197,8**	**2470**

Analog nach (5.3) und (5.4) ergeben sich: $b_1 \approx 1{,}47$ und $b_2 \approx 0{,}37$ und damit $tk = 1{,}47 + 0{,}37\ t$

Die Schätzung der Trendkomponente kann mithilfe der Methode der kleinsten Quadrate oder mithilfe geeigneter gleitender Durchschnitte erfolgen.

Die Konjunkturkomponente kann dann als Reihe der Differenzen oder prozentualen Abweichungen der glatten Komponente bzw. der (geglätteten) saisonbereinigten Reihe von der Trendkomponente ermittelt werden.

6.3.1 Trendschätzung mithilfe der Methode der kleinsten Quadrate

Im folgenden Beispiel gehen wir davon aus, dass 19 Jahreswerte für den Umsatz eines Unternehmens vorliegen (vgl. Tabelle 6.2). Da Jahresdaten gegeben sind, erübrigt sich eine Saisonbereinigung.

Die gegebene Zeitreihe (vgl. Abb. 6.1) kann man als Streudiagramm (Punktwolke) auffassen. Durch diese Punktwolke legt man nun eine passende Trendfunktion.

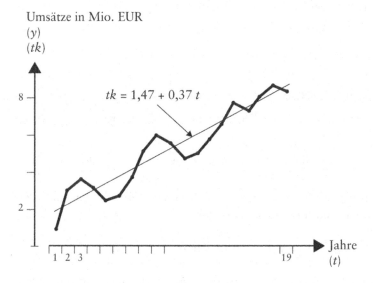

Abb. 6.1 Trendkomponente

Kann man unterstellen, dass der Trend linear verläuft, so erhält man die gesuchte Gerade dadurch, dass man die Koeffizienten b_1 und b_2 der Funktion

$$tk = b_1 + b_2 t$$

so wählt, dass die Summe der quadrierten Abweichungen der Werte der Zeitreihe von dieser Geraden ein Minimum wird (vgl. Kap. 5.1.1).

Diese Methode der Trendbestimmung ist nichts anderes als ein Sonderfall der linearen Einfachregression: an die Stelle der x-Werte treten nun die Zeitwerte t, wobei

$$t_1 = 1, t_2 = 2, \ldots, t_n = n.^1$$

Zur Berechnung der Regressionskoeffizienten verwenden wir wieder unsere Arbeitstabelle von Kap. 5.1.1 (vgl. Tabelle 5.1 und 6.2). Der lineare Ansatz unterstellt dem Trend monoton abnehmende Veränderungsraten.

Liegen Zeitreihen vor, welche die Annahme gleich bleibender Veränderungsraten rechtfertigen, so wird man einen exponentiellen Ansatz wählen (vgl. Kapitel 5.1.2), z. B. $tk = e^{b_1 + b_2 t}$.

Weisen Zeitreihen Sprungstellen bzw. **Strukturbrüche** auf, ist die Trendkomponente nicht nach dem oben gezeigten Verfahren zu ermitteln. Um Verzerrungen der Steigung der Trendfunktion durch Sprungstellen zu vermeiden, müssen die Sprungstellen absorbiert, d. h. durch (0,1)-Regressoren (**Dummy-Variablen**) ersetzt werden.

Betrachten wir als Beispiel die Absatzmenge (in 1000 Stück) eines Unternehmens in acht aufeinander folgenden Jahren:

Tabelle 6.3   Zeitreihe mit Strukturbruch

Jahr	1	2	3	4	5	6	7	8
Absatz	1,0	1,5	2,5	3,0	5,0	5,5	6,5	7,0

Ab dem Jahr 5 enthalte die Zeitreihe auch den Absatz auf einem neu erschlossenen Absatzmarkt.

Würde man durchgehend für den gesamten Betrachtungszeitraum eine lineare Trendfunktion nach der Methode der kleinsten Quadrate

$$tk = b_1 + b_2 t = -0,18 + 0,93\, t$$

berechnen, erhielte man – bedingt durch den Strukturbruch – eine zu steile Trendfunktion und einen Prognosewert für die Trendkomponente in der Periode 9 von

$$8,18\ [1000\ \text{Stück}].$$

Wenn die Zeitreihe nach dem Strukturbruch zu kurz ist, um nur für diesen Zeitraum die Trendkomponente zu berechnen, lösen wir das Problem mithilfe von zwei Dummy-Variablen (Scheinvariablen) x_1 und x_2:

---

[1] Um von üblichen Bezeichnungsweisen nicht abzuweichen, verwenden wir das Symbol t sowohl für die Variable Zeit als auch für Werte einer studentverteilten (t-verteilten) Zufallsvariablen (vgl. Kapitel 5.1.3 und Kapitel 10.3 und 10.4).

$$tk = b_1 x_1 + b_2 x_2 + b_3 t,$$

wobei x_{1i}:   1; 1; 1; 1; 0; 0; 0; 0,

              x_{2i}:   0; 0; 0; 0; 1; 1; 1; 1,

und t_i :   1; 2; 3; 4; 5; 6; 7; 8.

Als Ergebnis dieser (multiplen) linearen Regression ergibt sich:

$$tk = 0{,}25\, x_1 + 1{,}45\, x_2 + 0{,}7\, t.$$

Als Prognosewert für die Trendkomponente in der Periode 9 erhalten wir

$$tk = 0{,}25 \cdot 0 + 1{,}45 \cdot 1 + 0{,}7 \cdot 9 = 7{,}75 \,[1000\ \text{Stück}].$$

Verwendet man ein Computerprogramm, das automatisch für die Scheinvariable x_1 nur Einsen erzeugt, muss man, um dasselbe Ergebnis zu erreichen, die Regressoren wie folgt setzen:

x_{1i} :   1; 1; 1; 1; 1; 1; 1; 1

x_{2i} :   0; 0; 0; 0; 1; 1; 1; 1

t_i :   1; 2; 3; 4; 5; 6; 7; 8

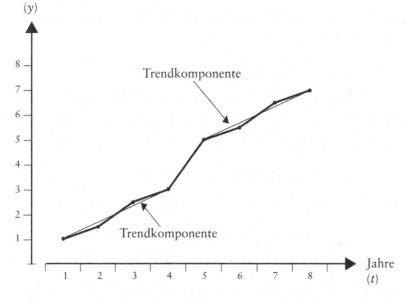

Abb. 6.2 Trendkomponente bei einer Zeitreihe mit Sprungstelle im Jahr 5

Als Ergebnis dieses Ansatzes erhält man:

$$tk = 0{,}25x_1 + 1{,}2x_2 + 0{,}7t.$$

Als Prognosewert für die Trendkomponente in der Periode 9 erhalten wir ebenfalls

$$tk = 0{,}25 \cdot 1 + 1{,}2 \cdot 1 + 0{,}7 \cdot 9 = 7{,}75 \ [1000 \ \text{Stück}].$$

6.3.2 Trendschätzung mithilfe der Methode gleitender Durchschnitte

Für eine Trendschätzung nach der Methode gleitender Durchschnitte kann man sich dann entscheiden, wenn man von der Annahme ausgeht, dass sich der Trend nicht über die gesamte Beobachtungsperiode durch eine bestimmte Funktion der Zeit beschreiben lässt.

Man wird jeweils so viele Jahre in die Durchschnittsbildung eingehen lassen, dass man gerade die konjunkturell bedingten Schwankungen eliminiert, was natürlich bei Zyklen mit veränderlichen Perioden problematisch ist.

Wird auf eine Zeitreihe von Monatswerten z. B. ein gleitender Fünfjahresdurchschnitt angewendet, d. h. werden jeweils 61 Monate zur Berechnung der Durchschnitte einbezogen, können mit diesem Verfahren für die ersten und letzten 30 Monate des Beobachtungszeitraums keine Trendwerte ermittelt werden. Durch lokale Trendschätzungen nach der Methode der kleinsten Quadrate ließen sich jedoch die Informationsverluste an den Reihenenden beheben.

6.4 Ermittlung der Konjunkturkomponente

Wird die Konjunkturkomponente als Abweichung der glatten von der Trendkomponente definiert, so gilt

$$kk = gk - tk.$$

Will man die Gewichtsverhältnisse zwischen Trend und Konjunktur verdeutlichen, wird man die Konjunkturkomponente als prozentuale Abweichung der glatten Komponente oder der (geglätteten) saisonbereinigten Reihe von der Trendkomponente darstellen:

$$kk = \frac{gk - tk}{tk} 100 [\%].$$

Aufgaben zur Selbstkontrolle (Kapitel 1 bis 6)

Aufgabe 1

Eine Firma hat die Bearbeitungsdauer von 135 Korrespondenzen in folgender Tabelle zusammengefasst:

Bearbeitungsdauer [Min]	0–1	1–2	2–5	5–10	10–20
Absolute Häufigkeit	20	25	45	25	20

a) Man zeichne ein geeignetes Histogramm.
b) Man zeichne ein Häufigkeitspolygon.
c) Man berechne das arithmetische Mittel der Bearbeitungsdauer.
d) Man berechne die Varianz, die Standardabweichung und den Variationskoeffizienten der Bearbeitungsdauer.

Lösung zu a) und b)

Bearbeitungsdauer [Min]	0–1	1–2	2–5	5–10	10–20
Absolute Häufigkeitsdichte*	20	25	15	5	2

*Häufigkeit pro Einheitsintervall von 1 [Min]; Häufigkeit/Klassenbreite.

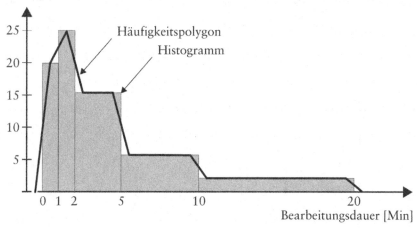

Lösung zu c)
Nach (2.3) ergibt sich:

$$\bar{x} \approx \frac{0,5 \cdot 20 + 1,5 \cdot 25 + 3,5 \cdot 45 + 7,5 \cdot 25 + 15 \cdot 20}{135} \approx 5,1[\text{Min}].$$

Lösung zu d)
Nach (3.6) ergibt sich:

$$s^2 \approx \frac{1}{134}(6518,75 - 3552,27) \approx 22,14 \ [\text{Min}^2];$$

$$s = \sqrt{22{,}14} \approx 4{,}7[\text{Min}];$$

Nach (3.7) ergibt sich:

$$cv = \frac{4{,}7}{5{,}1} \approx 0{,}92.$$

- Das arithmetische Mittel unserer Stichprobe beträgt ca. 5,1 [Min].
- Die Stichprobenstandardabweichung beträgt ca. 4,7 [Min].
- Die Stichprobenstandardabweichung beträgt ca. 92 % des Stichprobenmittels.

Aufgabe 2

In einem Schullandheim gibt es ausschließlich Schlafräume für 2, 4 und 6 Schüler, und zwar 20 Zweibett-, 15 Vierbett- und 5 Sechsbettzimmer.

Man skizziere

a) die Häufigkeitsverteilung
b) die Summenhäufigkeitsfunktion

Lösung zu a)

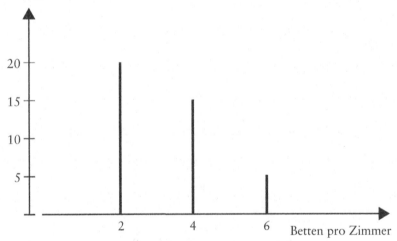

Lösung zu b)

Folgende richtige (aber nicht in jedem Fall sinnvolle) Aussagen können getroffen werden:

0 Zimmer haben höchstens 1 Bett; 35 Zimmer sind höchstens mit je 4 Betten; 35 Zimmer sind höchstens mit je 5 Betten; 40 Zimmer sind höchstens mit je 6 Betten; 40 Zimmer sind höchstens mit je 100 Betten ausgestattet.

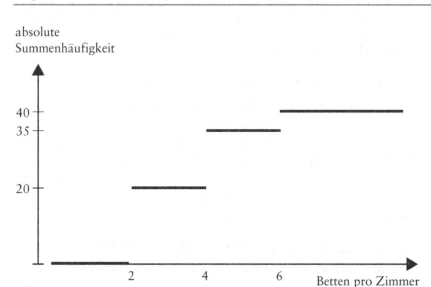

absolute
Summenhäufigkeit

Aufgabe 3

Ein Wirtschaftszweig umfasst 2000 Betriebe. Am Gesamtumsatz dieses Wirtschaftszweiges sind 1000 Kleinbetriebe mit insgesamt 10 %, 800 Betriebe mittlerer Größe mit insgesamt 40 % und 200 Großbetriebe mit insgesamt 50 % beteiligt.

Man zeichne die Konzentrationskurve (Lorenzkurve).

Lösung

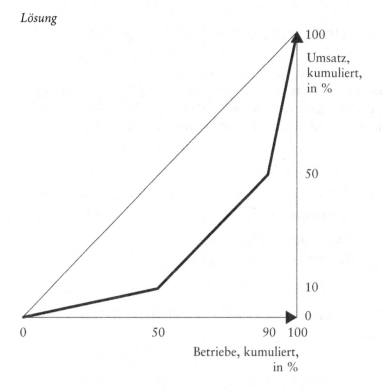

Aufgabe 4

Eine exotische Anleihe habe folgenden Zinslauf:

Jahr	1	2	3	4	5	6	7
Zinssatz [%]	3,25	4,0	4,5	5,0	5,5	6,0	7,25

Man berechne die Rendite, d. h. die durchschnittliche jährliche Verzinsung, wenn diese Anleihe nach 7 Jahren tatsächlich mit Zinsen und Zinseszinsen zurückbezahlt wird.

Lösung

Nach (2.4) ergibt sich:

- Durchschnittlicher Wachstumsfaktor $= \sqrt[7]{1,0325 \cdot 1,04 \cdot \ldots \cdot 1,0725} = 1,0506425$;
- Durchschnittliche Wachstumsrate $= 1,0506425 - 1 \approx 0,0506$.
- Die Rendite beträgt 5,06 %.

Aufgabe 5

Jemand legt im Jahr 2020 einen Euro auf ein Sparbuch. Der Zinssatz beträgt immer 3 %. Wie hoch wird der Kapitalbestand im Jahre 3020 sein, wenn kein weiterer Betrag einbezahlt und nichts abgehoben wird?

Lösung

$1 \cdot 1,03^{1000} = 6,87424 \cdot 10^{12} \approx 6.874.240.000.000$ Euro, also knapp 7 Billionen Euro.

Aufgabe 6

Ein Aktienfonds behauptet, dass jemand, der vor 41 Jahren 10.000 USD in diesem Fonds angelegt hätte, heute ein Vermögen von 2.760.880 USD gemacht hätte. Wie hoch wäre dann die Rendite, d. h. die durchschnittliche jährliche Verzinsung gewesen?

Lösung

Nach (2.5) ergibt sich:

- Durchschnittlicher Wachstumsfaktor $= \sqrt[41]{\dfrac{2760880}{10000}} = 276,088^{(1/41)} \approx 1,147$.
- Durchschnittliche Wachstumsrate $= 0,147$.
- Die durchschnittliche jährliche Verzinsung betrug 14,7 %.

Aufgabe 7

Im Basis- und Berichtsjahr wurden von drei Gütern die nachfolgenden Preise und Umsätze in EUR beobachtet:

	Basisjahr		Berichtsjahr	
	Preis	Umsatz	Preis	Umsatz
Gut 1	10	200	12	480
Gut 2	9	450	10	700
Gut 3	5	150	8	400

Man berechne die Preisindizes nach Laspeyres und Paasche.

Lösung

Nach (4.3) ergibt sich:

$$L_P = \frac{12 \cdot 20 + 10 \cdot 50 + 8 \cdot 30}{800} = \frac{980}{800} = 1{,}225.$$

Nach (4.4) ergibt sich:

$$P_P = \frac{1580}{10 \cdot 40 + 9 \cdot 70 + 5 \cdot 50} = \frac{1580}{1280} \approx 1{,}234.$$

Nach Laspeyres ergab sich eine auf die drei Güter bezogene durchschnittliche Preissteigerung von 22,5 % zwischen dem Basis- und dem Berichtsjahr.

Nach Paasche ergab sich eine auf die drei Güter bezogene durchschnittliche Preissteigerung von 23,4 % zwischen dem Basis- und dem Berichtsjahr.

Aufgabe 8

Die Einkaufspreise einer Großküche haben sich wie folgt verändert:

Zeit	Preisindex nach	
	Laspeyres	Paasche
Basiszeit	1,0	1,0
Berichtszeit	1,05	1,0

Wie hat der Chefkoch dieses Ergebnis zustande gebracht?

Lösung

Der Laspeyresindex ist gestiegen, weil die Preise der in der Basiszeit verwendeten Lebensmittel gestiegen sind; der Paascheindex ist gleich geblieben, weil der Chefkoch später einen neuen „Warenkorb" zusammengestellt hat, dessen Preisniveau sich zwischen der Basis- und der Berichtszeit nicht geändert hat. Der Koch hat möglicherweise das teuerer gewordene argentinische Rumpsteak vom Speiseplan abgesetzt und dafür billiger gewordenes Hühnerfleisch zum Ausgleich anderer Preissteigerungen verarbeitet.

Während ein Preisindex nach Laspeyres unterstellt, dass in der jeweiligen Berichtsperiode dieselben Güter gekauft wurden wie in der Basisperiode, gibt ein Preisindex nach Paasche an, um wie viel der Preis im Durchschnitt gestiegen wäre, wenn in der Basisperiode bereits dieselben Güter gekauft worden wären wie in der Berichtsperiode.

Aufgabe 9

Ein Online-Anbieter prüft, ob die Anzahl des benötigten Fachpersonals hinreichend genau durch die Anzahl der Besuche auf der Webseite (Klicks) geschätzt werden kann. Zu diesem Zweck wurden 20 Tage zufällig ausgewählt und die Anzahl der Klicks in 1000 (x_i) der Anzahl des benötigten Fachpersonals (y_i) gegenübergestellt:

x_i	2	2,25	2,5	2,75	2,75	3	3,5	3,75	4	4
y_i	10	9	13	12	14	13	20	18	22	21

x_i	4,25	4,5	4,5	4,75	5	5,25	5,5	6	6,5	6,75
y_i	24	23	22	26	26	29	28	30	33	32

Man berechne die Regressionsgerade nach der Methode der kleinsten Quadrate, den Korrelationskoeffizienten nach Bravais-Pearson und schätze die Anzahl des benötigten Fachpersonals, wenn einem neuen Tag 4250 Klicks registriert wurden.

Lösung

Nach (5.3) und (5.4) ergibt sich:

$$b_1 = \frac{385,5 \cdot 425 - 83,5 \cdot 1967,5}{20 \cdot 385,5 - 6972,25} \approx -0,608; b_2 = \frac{20 \cdot 1967,5 - 83,5 \cdot 425}{20 \cdot 385,5 - 6972,25} \approx 5,236;$$

$$\hat{y} = -0,608 + 5,236\,x$$

Nach (5.6) ergibt sich:

$$r = \frac{20 \cdot 1967,5 - 83,5 \cdot 425}{\sqrt{(20 \cdot 385,5 - 6972,25)(20 \cdot 10087 - 180625)}} \approx 0,98$$

$$\hat{y}_{x=4,25} \approx 21,6.$$

Man schätzt das benötigte Fachpersonal auf 22 Personen.

Aufgabe 10

Die Absatzmenge (in 1000 Stück) eines Unternehmens entwickelte sich wie folgt:

Jahr	1	2	3	4	5	6	7
Absatzmenge (1000 Stück)	1,5	2,5	2,75	3,5	3,5	4,0	4,25

a) Man berechne die Trendkomponente mithilfe der Methode der kleinsten Quadrate durch eine logarithmische Kurvenanpassung.

b) Man berechne die Trendkomponente mithilfe der Methode der kleinsten Quadrate durch eine inverse Anpassungsfunktion. Man schätze das Sättigungsniveau für die Absatzmenge des betrachteten Produkts mithilfe der inversen Funktion.

c) Man prognostiziere die Trendkomponente für das Jahr 8 mithilfe der geeigneter erscheinenden Trendfunktion.

Lösung zu a)

Logarithmische Trendfunktion: $tk = b_1 + b_2 \ln t$.

Zur Berechnung von b_1 und b_2 verwenden wir (5.3) und (5.4), wobei statt Σx_i $\Sigma \ln t_i$, statt $(\Sigma x_i)^2$ $(\Sigma \ln t_i)^2$, statt Σx_i^2 $\Sigma(\ln t_i)^2$ und statt $\Sigma x_i y_i$ $\Sigma(\ln t_i)y_i$ einzusetzen sind:

$$\Sigma \ln t_i = 8{,}5252; \ (\Sigma \ln t_i)^2 = 8{,}5252^2 = 72{,}6790;$$

$$\Sigma(\ln t_i)^2 = 13{,}1965; \ \Sigma(\ln t_i)y_i = 30{,}6763.$$

Nach (5.3) und (5.4) ergeben sich:

$$b_1 = \frac{13{,}1965 \cdot 22 - 8{,}5252 \cdot 30{,}6763}{7 \cdot 13{,}1965 - 72{,}6790} \approx 1{,}462;$$

$$b_2 = \frac{7 \cdot 30{,}6763 - 8{,}5252 \cdot 22}{7 \cdot 13{,}1965 - 72{,}6790} \approx 1{,}380;$$

$$tk = 1{,}462 + 1{,}38 \ln t.$$

Lösung zu b)

Inverse Trendfunktion: $tk = b_1 - \frac{b_2}{t}$.

Zur Berechnung von b_1 und b_2 verwenden wir (5.3) und (5.4), wobei wir jeweils x_i durch $\left(-\frac{1}{t_i}\right)$ ersetzen.

$$\sum_{i=1}^{n}\left(-\frac{1}{t_i}\right) = -2{,}59; \ \left[\sum_{i=1}^{n}\left(-\frac{1}{t_i}\right)\right]^2 = (-2{,}59)^2 = 6{,}71;$$

$$\sum_{i=1}^{n} \left(-\frac{1}{t_i}\right)^2 = 1{,}51; \quad \sum_{i=1}^{n} \left(-\frac{1}{t_i}\right) y_i = -6{,}52.$$

Nach (5.3) und (5.4) ergeben sich:

$$b_1 = \frac{1{,}51 \cdot 22 - (-2{,}59) \cdot (-6{,}52)}{7 \cdot 1{,}51 - 6{,}71} \approx 4{,}23;$$

$$b_2 = \frac{7 \cdot (-6{,}52) - (-2{,}59) \cdot 22}{7 \cdot 1{,}51 - 6{,}71} \approx 2{,}94.$$

$$tk = 4{,}23 - \frac{2{,}94}{t}.$$

Das geschätzte Sättigungsniveau beträgt $b_1 = 4{,}23$ [1000 Stück].

Lösung zu c)

Wir verwenden diejenige Trendfunktion als Prognosefunktion, die eine höhere Güte der Anpassung an die gegebene Zeitreihe aufweist. Als Maß der Güte der Anpassung wählen wir das Bestimmtheitsmaß

$$R^2 = \frac{\sum_{i=1}^{n} (\hat{y}_i - \bar{y})^2}{\sum_{i=1}^{n} (y_i - \bar{y})^2}.$$

Für die logarithmische Trendfunktion erhalten wir $R^2 = \frac{5{,}3588}{5{,}4821} \approx 0{,}977$; für die inverse Trendfunktion erhalten wir $R^2 = \frac{4{,}7659}{5{,}4821} \approx 0{,}869$.

Da wir hier eine lineare Beziehung zwischen $\ln t$ und y bzw. zwischen $\left(-\frac{1}{t}\right)$ und y haben, können wir auch den Korrelationskoeffizienten nach Bravais-Pearson (r) nach (5.6) berechnen. Bei linearer Regression entspricht das Bestimmtheitsmaß R^2 dem Quadrat des Korrelationskoeffizienten r^2.

Für die Prognose verwenden wir die logarithmische Trendfunktion:

$$tk_{t=8} = 1{,}462 + 1{,}38 \cdot \ln 8 = 1{,}462 + 1{,}38 \cdot 2{,}0794 \approx 4{,}33 [1000 \text{ Stück}].$$

Wir schätzen den Wert für die Trendkomponente der Absatzmenge im Jahr 8 auf 4,33 [1000 Stück].

Absatzmenge in
1000 Stück
(y)

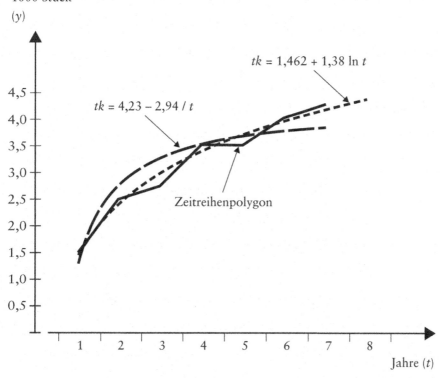

$tk = 1{,}462 + 1{,}38 \ln t$

$tk = 4{,}23 - 2{,}94 / t$

Zeitreihenpolygon

Jahre (t)

Teil 2:
Wahrscheinlichkeitsrechnung und schließende Statistik

Elemente der Kombinatorik

7.1 Fakultät und Binomialkoeffizient

$n!$ (sprich: „n **Fakultät**") ist die Abkürzung für das Produkt der ersten n aufeinander folgenden positiven ganzen Zahlen.

$$n! = 1 \cdot 2 \cdot \ldots \cdot (n-1) \cdot n; \text{ ferner gilt: } 0! = 1. \tag{7.1}$$

Beispiel: $5! = 1 \cdot 2 \cdot 3 \cdot 4 \cdot 5$.

Der **Binomialkoeffizient** $\binom{N}{n}$ (sprich: „N über n") ist eine Abkürzung für den Quotienten

$$\frac{N(N-1)(N-2)\ldots(N-n+1)}{n!} = \frac{N!}{n!\,(N-n)!}. \tag{7.2}$$

Wir betrachten hier N und n nur als positive ganze Zahlen, wobei $n \leq N$. Ferner gilt: $\binom{N}{0} = 1$. Beispiel: $\binom{6}{3} = \frac{6 \cdot 5 \cdot 4}{1 \cdot 2 \cdot 3}$.

7.2 Permutationen von n verschiedenen Elementen

$n!$ gibt die Anzahl der Permutationen, d.h. die Anzahl der Möglichkeiten der Anordnung von n Elementen an. Beispiel: Gesucht sei die Anzahl der möglichen Anordnungen von fünf ausgewählten Büchern im Bücherschrank. Lösung: $5! = 120$. Es gibt also 120 verschiedene Reihenfolgen, in denen die fünf Bücher angeordnet werden können.

© Springer Fachmedien Wiesbaden GmbH, ein Teil von Springer Nature 2020
J. Puhani, *Statistik*, https://doi.org/10.1007/978-3-658-28955-3_8

7.3   Kombinationen

Für die folgenden Fälle dieses Kapitels sei jeweils eine Grundgesamtheit mit $N = 4$ Elementen unterstellt: $G = \{e_1, e_2, e_3, e_4\}$. Gesucht seien jeweils die möglichen Kombinationen zweiter Ordnung ($n = 2$) aus dieser Grundgesamtheit.

a)   Kombinationen mit Wiederholung und mit Berücksichtigung der Reihenfolge

$$e_1, e_1; e_1, e_2; e_1, e_3; e_1, e_4;$$
$$e_2, e_1; e_2, e_2; e_2, e_3; e_2, e_4;$$
$$e_3, e_1; e_3, e_2; e_3, e_3; e_3, e_4;$$
$$e_4, e_1; e_4, e_2; e_4, e_3; e_4, e_4;$$

Es gibt also 16 Kombinationen zweiter Ordnung, wenn jedes Element wiederholbar ist (z. B. bei Stichproben mit Zurücklegen) und die Reihenfolge berücksichtigt werden soll.

Allgemein ist im Falle a) die Anzahl der Kombinationen n-ter Ordnung aus N Elementen nach der Formel

$$N^n \tag{7.3}$$

zu berechnen. In unserem Beispiel ergibt sich $4^2 = 16$.

b)   Kombinationen ohne Wiederholung und mit Berücksichtigung der Reihenfolge

$$\begin{array}{llll} & e_1, e_2; & e_1, e_3; & e_1, e_4; \\ e_2, e_1; & & e_2, e_3; & e_2, e_4; \\ e_3, e_1; & e_3, e_2; & & e_3, e_4; \\ e_4, e_1; & e_4, e_2; & e_4, e_3. & \end{array}$$

Es gibt also 12 Kombinationen zweiter Ordnung, wenn die Elemente nicht wiederholbar sind (z. B. bei Stichproben ohne Zurücklegen) und die Reihenfolge berücksichtigt werden soll.

Allgemein ist im Falle b) die Anzahl der Kombinationen n-ter Ordnung aus N Elementen nach der Formel

$$\frac{N!}{(N-n)!} \tag{7.4}$$

zu berechnen. In unserem Beispiel ergibt sich $\frac{4!}{(4-2)!} = 12$.

c) Kombinationen mit Wiederholung und ohne Berücksichtigung der Reihenfolge

$$e_1, e_1; e_1, e_2; e_1, e_3; e_1, e_4;$$
$$e_2, e_2; e_2, e_3; e_2, e_4;$$
$$e_3, e_3; e_3, e_4;$$
$$e_4, e_4;$$

Es gibt also 10 Kombinationen zweiter Ordnung, wenn jedes Element wiederholbar ist und die Reihenfolge keine Rolle spielen soll. **Allgemein** ist im Falle c) die Anzahl der Kombinationen n-ter Ordnung aus N Elementen nach der Formel

$$\binom{N + n - 1}{n} \tag{7.5}$$

zu berechnen. In unserem Beispiel ergibt sich $\binom{4 + 2 - 1}{2} = 10$.

d) Kombinationen ohne Wiederholung und ohne Berücksichtigung der Reihenfolge

$$e_1, e_2; e_1, e_3; e_1, e_4;$$
$$e_2, e_3; e_2, e_4;$$
$$e_3, e_4;$$

Es gibt also 6 Kombinationen zweiter Ordnung, wenn die Elemente nicht wiederholbar sind und die Reihenfolge keine Rolle spielen soll. **Allgemein** ist im Falle d) die Anzahl der Kombinationen n-ter Ordnung aus N Elementen nach der Formel

$$\binom{N}{n} \tag{7.6}$$

zu berechnen. In unserem Beispiel ergibt sich $\binom{4}{2} = 6$.

Aufgaben zur Selbstkontrolle

Aufgabe 1
Man gebe an, auf wie viel verschiedene Arten eine Box eines Lottoscheins ausgefüllt werden kann.

Lösung

$$\binom{N}{n} = \binom{49}{6} = \frac{49 \cdot 48 \cdot 47 \cdot 46 \cdot 45 \cdot 44}{1 \cdot 2 \cdot 3 \cdot 4 \cdot 5 \cdot 6} = 13\,983\,816.$$

Aufgabe 2

Wie groß ist die Anzahl der möglichen Stichproben vom Umfang $n = 3$ aus einer Gesamtheit von $N = 12$ Elementen?

Lösung

Tabelle 7.1 Kombinationen

	Anzahl der möglichen Stichproben	
	mit Zurücklegen	**ohne Zurücklegen**
mit Berücksichtigung der Reihenfolge	$N^n = 12^3 = 1728$	$\dfrac{N!}{(N-n)!} = \dfrac{12!}{(12-3)!} = 1320$
ohne Berücksichtigung der Reihenfolge	$\dbinom{N+n-1}{n} = \dbinom{12+3-1}{3} = 364$	$\dbinom{N}{n} = \dbinom{12}{3} = 220$

Elemente der Wahrscheinlichkeitsrechnung 8

8.1 Streng determinierte und nicht eindeutig determinierte Prozesse

Es sei erlaubt, alle Vorgänge in unserer Umwelt ganz einfach in zwei Kategorien zu trennen und zwar in Prozesse, deren Abläufe eindeutig und nicht eindeutig bestimmt (determiniert) sind.

Lässt man z. B. am gleichen Ort einen Gegenstand senkrecht zu Boden fallen, so wird man immer – abgesehen von Messfehlern – die gleiche Zunahme der Geschwindigkeit (Fallbeschleunigung) feststellen können und auch für die Zukunft erwarten dürfen. Spielt man dagegen einen nicht gezinkten Würfel aus, so weiß man zwar um die möglichen Resultate, kann jedoch nicht mit Sicherheit das tatsächlich eintreffende Ergebnis vorausbestimmen. Im ersten Fall handelt es sich um einen streng determinierten, im zweiten Fall um einen nicht streng determinierten Prozess.

Sollten in Wirklichkeit alle Vorgänge in unserer Welt streng determiniert sein, so hieße das, dass wir lediglich von erkenntnistheoretischem Indeterminismus sprechen dürften. Bei zunehmender Erkenntnisfähigkeit würde dann die wahrscheinlichkeitstheoretisch fundierte Statistik überflüssig.

Noch aber müssen wir uns mit indeterminierten Prozessen herumschlagen, sei es, dass sie tatsächlich indeterminiert sind oder uns nur so erscheinen.

Wenn man schon bei nicht determinierten Prozessen keine sicheren Voraussagen treffen kann, so ist man zumindest daran interessiert, etwas über die **Wahrscheinlichkeit** des Eintreffens möglicher Ereignisse zu erfahren und sich mit den Gesetzmäßigkeiten zufälliger Ereignisse zu beschäftigen.

© Springer Fachmedien Wiesbaden GmbH, ein Teil von Springer Nature 2020
J. Puhani, *Statistik*, https://doi.org/10.1007/978-3-658-28955-3_9

8.2 Zufallsexperiment und Ereignis

Zur Einführung in die elementare Wahrscheinlichkeitsrechnung werden wir einfache Modelle nicht determinierter, also vom Zufall abhängiger Prozesse konstruieren. Wir wollen uns also bestimmte Zufallsexperimente vorstellen und die Wahrscheinlichkeit zufälliger Ereignisse berechnen.

Unter einem **Zufallsexperiment** versteht man einen beliebig oft wiederholbaren Vorgang, der in einem ganz bestimmten Bedingungsrahmen ausgeführt wird und dessen Ergebnis nicht eindeutig determiniert, also vom Zufall abhängig ist.

Den Tatbestand, der als Resultat eines Zufallsexperiments auftritt, nennt man (zufälliges) **Ereignis**. Ein Ereignis heißt **zufällig**, wenn es bei der Durchführung eines Experiments eintreten kann, aber nicht muss.

Betrachtet man das Zufallsexperiment „Ausspielen zweier echter (nicht gezinkter) Würfel" und interessiert sich für die Augensumme, so stellt z. B. „Augensumme 7" ein mögliches, „Augensumme 1" ein unmögliches und „Augensumme mindestens 2" ein sicheres Ereignis dar.

8.3 Menge der Elementarereignisse und Menge der zufälligen Ereignisse

Stellen wir beim Zufallsexperiment „Einmaliges Ausspielen eines echten Würfels" wiederum auf die Augenzahl ab, so ist

$$\Omega = \{\boxdot,\boxdot,\boxdot,\boxdot,\boxdot,\boxdot\}$$

die Menge der Elementarereignisse (vgl. auch Abb. 8.1).

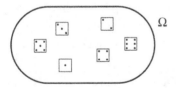

Abb. 8.1 Menge der Elementarereignisse

Unter der Menge der zufälligen Ereignisse versteht man die Menge aller Teilmengen der Menge Ω.

Zur Menge der zufälligen Ereignisse gehören nicht nur die einzelnen Elementarereignisse, sondern z. B. auch die Ereignisse „Augenzahl 2 oder 3 oder 5" und das sichere

Ereignis „Augenzahl 1 oder 2 oder 3 oder 4 oder 5 oder 6". Schließlich zählt man auch das unmögliche Ereignis Ø, also das Ereignis, keines der Elementarereignisse zu würfeln, zur Menge der zufälligen Ereignisse.

Beim Zufallsexperiment „Einmaliges Ausspielen eines echten Würfels" gehören somit zur Menge der zufälligen Ereignisse:

$\{⚀\}$ $\ldots \{⚅\}$

$\{⚀,⚁\}$ $\ldots \{⚄,⚅\}$

$\{⚀,⚁,⚂\}$ $\ldots \{⚃,⚄,⚅\}$

$\{⚀,⚁,⚂,⚃\}$ $\ldots \{⚂,⚃,⚄,⚅\}$

$\{⚀,⚁,⚂,⚃,⚄\}$ $\ldots \{⚁,⚂,⚃,⚄,⚅\}$

$\{⚀,⚁,⚂,⚃,⚄,⚅\} = \Omega$

$\varnothing$

Hat allgemein Ω N Elementarereignisse, so hat Ω 2^N verschiedene Untermengen. Bei unserem Zufallsexperiment können wir also zwischen $2^6 = 64$ Ereignissen unterscheiden.

8.4 Wahrscheinlichkeit von Ereignissen

8.4.1 Definitionen der Wahrscheinlichkeit

8.4.1.1 Klassische Definition (Laplace'sche Definition)

Bezeichnen wir mit $W(A)$ die Wahrscheinlichkeit dafür, dass das Ereignis A eintritt, so gilt nach der klassischen Definition der Wahrscheinlichkeit:

$$W(A) = \frac{\text{Anzahl aller „günstigen" Elementarereignisse}}{\text{Anzahl aller gleichmöglichen Elementarereignisse}} \qquad (8.1)$$

Günstig sind in diesem Zusammenhang alle Fälle, in denen das Ereignis A eintritt.

Definieren wir beim Zufallsexperiment „Einmaliges Ausspielen eines echten Würfels" A als das Ereignis, eine gerade Zahl zu würfeln, so ist nach (8.1)

$$W(A) = \frac{3}{6}.$$

Da für das sichere Ereignis Ω alle und für das unmögliche Ereignis $\varnothing$ keines der Elementarereignisse günstig ist, folgt:

$$W(\Omega) = 1;$$

$$W(\varnothing) = 0.$$

Ist A ein Ereignis, so liegt es als Untermenge in Ω, und es gilt:

$$0 \le W(A) \le 1.$$

Man beachte, dass die klassische Definition der Wahrscheinlichkeit nur anwendbar ist, wenn die Elementarereignisse endlich und gleichmöglich sind.

8.4.1.2 Statistische Definition

$W(A)$ wird als diejenige Größe definiert, der sich die **relative Häufigkeit** eines Ereignisses A bei unbeschränktem Umfang der Versuchsserie nähert.

Die Berechnung der Wahrscheinlichkeit erfolgt also näherungsweise über die entsprechende relative Häufigkeit. Um z. B. die Wahrscheinlichkeit des Ereignisses „Wappen" beim Münzwurf zu ermitteln, ist dieses Experiment sehr oft durchzuführen. Erst nach einer umfangreichen Versuchsreihe kann die relative Häufigkeit der Beobachtung „Wappen" der Wahrscheinlichkeit des Ereignisses „Wappen" ungefähr gleichgesetzt werden.

8.4.1.3 Subjektive Auffassung der Wahrscheinlichkeit

Wahrscheinlichkeitsaussagen könnte man auch als vernünftige Glaubensaussagen oder als Wettbereitschaft interpretieren. Man nehme an, es soll eine Wahrscheinlichkeitsaussage darüber getroffen werden, ob es am nächsten Tag regnet.

Zur Problemlösung stelle man sich eine Scheibe mit beweglichem Zeiger vor und frage sich, worauf man eher bereit sein würde, einen bestimmten Geldbetrag zu setzen:

1) entweder darauf, dass es morgen regnet
2) oder darauf, dass der in Bewegung gesetzte Zeiger im grauen Halbfeld zum Stillstand kommt.

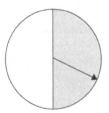

Abb. 8.2 Subjektive Wahrscheinlichkeit

Würde man eher auf 2) setzen, so hieße das, dass offenbar die subjektive Wahrscheinlichkeit dafür, dass es morgen regnet, kleiner als 0,5 wäre.

Zur Präzisierung der subjektiven Wahrscheinlichkeit könnte man sich nun weiter fragen, ob man eher bereit sein würde, darauf zu setzen,

1) dass es morgen regnet
2) dass der Zeiger im grauen Viertelfeld stehen bleibt.

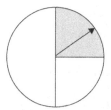

Abb. 8.3 Subjektive Wahrscheinlichkeit

Würde man nun eher auf 1) setzen, so hieße das, dass die subjektive Wahrscheinlichkeit dafür, dass es morgen regnet, größer als 0,25, jedoch (vgl. oben) kleiner als 0,5 wäre.

Diese Spielerei könnte man zur weiteren Präzisierung der subjektiven Wahrscheinlichkeitsvorstellung beliebig fortsetzen.

8.4.1.4 Axiomatische Definition
Die axiomatische Definition erklärt den Wahrscheinlichkeitsbegriff durch folgende, nach Gesichtspunkten der Zweckmäßigkeit festgelegte Axiome:

Axiom 1
W (A) ≥ 0.

Axiom 2
W (Ω) = 1.

Axiom 3
Schließen sich zwei Ereignisse A und B bei einem Zufallsexperiment gegenseitig aus, d. h. haben sie keine Elementarereignisse gemeinsam, so gilt: $W (A \cup B) = W (A) + W (B)$, d. h. die Wahrscheinlichkeit dafür, dass die Ereignisse A oder B eintreten, ist gleich der Summe der Einzelwahrscheinlichkeiten.

Dies gilt allgemein für alle sich paarweise gegenseitig ausschließende Ereignisse der Menge der zufälligen Ereignisse:

$$W (A_1 \cup A_2 \cup \ldots) = W(A_1) + W (A_2) + \cdots.$$

Alle weiteren Eigenschaften der Wahrscheinlichkeit leiten sich aus diesen drei Axiomen ab.

Einige für das praktische Rechnen mit Wahrscheinlichkeiten wichtige Eigenschaften werden in den nächsten Kapiteln anhand von Beispielen dargestellt.

8.4.2 Rechnen mit Wahrscheinlichkeiten

In diesem Kapitel gehen wir davon aus, dass die Elementarereignisse endlich und gleichmöglich sind. Ferner nehmen wir an, dass $W(A)$, $W(B)$, $W(C)$, bzw. $W(A_1)$, $W(A_2)$, $W(A_3)$ jeweils größer als Null sind.

8.4.2.1   Additionssatz

Allgemeiner Additionssatz

Unser Zufallsexperiment sei wieder das Ausspielen eines echten Würfels.

Gesucht sei die Wahrscheinlichkeit dafür, eine gerade Augenzahl oder eine Augenzahl > 4 zu würfeln. Wir definieren:

A – gerade Augenzahl

B – Augenzahl > 4,

Gesucht ist also $W(A \cup B)$. Man beachte, dass $A \cup B$ allgemein heißt: A oder B oder beide.

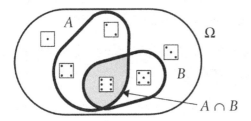

Abb. 8.4 Gemeinsames Elementarereignis

In diesem einfachen Fall kann die gestellte Frage auch nach (8.1) beantwortet werden:

$$W(A \cup B) = \frac{\text{Anzahl aller „günstigen" Elementarereignisse}}{\text{Anzahl aller gleichmöglichen Elementarereignisse}} = \frac{4}{6}.$$

Die Anwendung von Axiom 3, also die bloße Addition der Einzelwahrscheinlichkeiten führt nicht zum richtigen Ergebnis $\frac{4}{6}$, da dann im betrachteten Beispiel das Element ⚅ – das sowohl Element der Menge A als auch Element der Menge B ist – doppelt gezählt wird.

Daraus folgt, dass nach einer Addition der Einzelwahrscheinlichkeiten die Wahrscheinlichkeit dafür, dass sowohl Ereignis A als auch Ereignis B eintreffen, in Abzug gebracht werden muss;

$$W(A \cup B) = W(A) + W(B) - W(A \cap B). \tag{8.2}$$

(allgemeiner Additionssatz)

$A \cap B$ heißt: Sowohl A als auch B (A und B).

In unserem Beispiel ergibt sich:

$$W(A \cup B) = \frac{3}{6} + \frac{2}{6} - \frac{1}{6} = \frac{4}{6},$$

denn nach (8.1) ist

$$W(A \cap B) = \frac{\text{Anzahl der Elementarereignisse, bei denen sowohl } A \text{ als auch } B \text{ eintreffen}}{\text{Anzahl aller gleichmöglichen Elementarereignisse}}$$

$$= \frac{1}{6}.$$

Für drei Ereignisse A, B und C lautet der allgemeine Additionssatz

$$W(A \cup B \cup C) = W(A) + W(B) + W(C) \tag{8.3}$$
$$-W(A \cap B) - W(A \cap C) - W(B \cap C)$$
$$+W(A \cap B \cap C).$$

Spezieller Additionssatz

Unser Zufallsexperiment sei wiederum das Ausspielen eines echten Würfels. Gesucht sei diesmal die Wahrscheinlichkeit dafür, eine gerade Augenzahl oder die Augenzahl 3 zu würfeln.

Wir definieren:

A – gerade Augenzahl.

B – Augenzahl 3.

Gesucht ist somit $W(A \cup B)$.

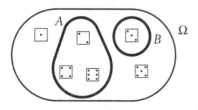

Abb. 8.5 Sich ausschließende Ereignisse

In diesem einfachen Beispiel wäre die Lösung auch schnell nach (8.1) zu finden:
$W(A \cup B) = \frac{4}{6}.$

Generell ist diese Fragestellung mithilfe des Additionssatzes lösbar. In diesem Fall, in dem A und B keine gemeinsamen Elemente haben (vgl. Axiom 3), genügt allerdings die bloße Addition der Einzelwahrscheinlichkeiten:

$$W(A \cup B) = W(A) + W(B). \tag{8.4}$$

(spezieller Additionssatz)

In unserem Beispiel ergibt sich:

$$W(A \cup B) = \frac{3}{6} + \frac{1}{6} = \frac{4}{6}.$$

Für drei Ereignisse A, B und C lautet der spezielle Additionssatz:

$$W(A \cup B \cup C) = W(A) + W(B) + W(C). \tag{8.5}$$

8.4.2.2   Bedingte Wahrscheinlichkeit

Gegeben sei eine Grundgesamtheit von $N = 1000$ Studenten. Darunter seien

$k = 60$ Studenten, die Englisch,

$l = 40$ Studenten, die Französisch und

$m = 30$ Studenten, die sowohl Englisch als auch Französisch studieren.

Man beachte hierbei, dass ein Student, der Englisch bzw. Französisch studiert, daneben auch noch zusätzliche Fächer studieren kann.

Unser Zufallsexperiment bestehe nun in der zufälligen Auswahl eines Studenten. Wir definieren:

A – der ausgewählte Student studiert Englisch.

B – der ausgewählte Student studiert Französisch.

Nach (8.1) gilt:

$$W(A) = \frac{k}{N} = \frac{60}{1000}; W(B) = \frac{l}{N} = \frac{40}{1000};$$

$$W(A \cap B) = \frac{m}{N} = \frac{30}{1000}.$$

Gesucht sei nun $W(B \mid A)$, d.h. die Wahrscheinlichkeit dafür, dass das Ereignis B eintritt, unter der Bedingung, dass Ereignis A eingetroffen ist. (Für $W(B \mid A)$ sprich kurz: „Wahrscheinlichkeit von B gegeben A").

Mengentheoretisch bedeutet $W(B \mid A)$, dass als Grundmenge jetzt nur A und nicht etwa Ω betrachtet wird (vgl. Abb. 8.6). Das heißt, man bezieht die Anzahl der „günstigen" Elementarereignisse nicht auf die Gesamtzahl aller Elementarereignisse (alle 1000 Studenten), sondern nur auf die Anzahl der in A befindlichen Elementarereignisse (60 Studenten, die Englisch studieren).

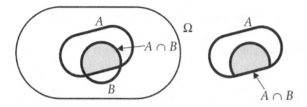

Abb. 8.6 Bedingte Wahrscheinlichkeit

Daraus folgt für die bedingte Wahrscheinlichkeit

$$W(B|A) = \frac{\text{Anzahl der Elementarereignisse, bei denen sowohl } A \text{ als auch } B \text{ eintreffen}}{\text{Anzahl der Elementarereignisse, bei denen } A \text{ eintrifft}}$$

$$= \frac{m}{k} = \frac{\dfrac{m}{N}}{\dfrac{k}{N}} = \frac{W(A \cap B)}{W(A)}. \tag{8.6}$$

In unserem Beispiel ergibt sich:

$$W(B|A) = \frac{W(A \cap B)}{W(A)} = \frac{30}{60} = \frac{1}{2}.$$

Unter der Bedingung, dass es sich bei dem ausgewählten Studenten um einen Englisch-Studenten handelt, beträgt die Wahrscheinlichkeit dafür, dass der ausgewählte Student Französisch studiert, 0,5.

8.4.2.3 Multiplikationssatz

Allgemeiner Multiplikationssatz
Aus (8.6) folgt unmittelbar

$$W(A \cap B) = W(A) \cdot W(B|A). \tag{8.7}$$

Es kann gezeigt werden, dass ebenfalls gilt:

$$W(A \cap B) = W(B) \cdot W(A|B). \tag{8.8}$$

Die Wahrscheinlichkeit dafür, dass die Ereignisse A und B eintreffen, ist gleich dem Produkt aus der Wahrscheinlichkeit des Ereignisses, dessen Auftreten die Bedingung darstellt, und der bedingten Wahrscheinlichkeit des anderen Ereignisses.

Der allgemeine Multiplikationssatz für drei Ereignisse A, B und C lautet:

$$W(A \cap B \cap C) = W(A) \cdot W(B|A) \cdot W(C|A \cap B). \qquad (8.9)$$

Beispiel: Gegeben sei eine Urne mit drei weißen, fünf schwarzen und zwei roten Kugeln. Gesucht sei

1) die Wahrscheinlichkeit dafür, bei zwei Ziehungen ohne Zurücklegen eine rote und dann eine weiße Kugel zu ziehen.

2) die Wahrscheinlichkeit dafür, bei drei Ziehungen ohne Zurücklegen zunächst eine rote, dann eine weiße und schließlich nochmals eine rote Kugel zu ziehen.

Wir definieren:

A – rote Kugel beim ersten Zug.

B – weiße Kugel beim zweiten Zug.

C – rote Kugel beim dritten Zug.

zu 1) $W(A \cap B) = W(A) \cdot W(B|A) = \dfrac{2}{10} \cdot \dfrac{3}{9} = \dfrac{1}{15}.$

zu 2) $W(A \cap B \cap C) = W(A) \cdot W(B|A) \cdot W(C|A \cap B)$
$$= \dfrac{2}{10} \cdot \dfrac{3}{9} \cdot \dfrac{1}{8} = \dfrac{1}{120}.$$

Unabhängigkeit von Ereignissen

Naiv definiert heißt ein Ereignis B unabhängig von Ereignis A, wenn B nicht durch A beeinflusst wird.

Nach der wahrscheinlichkeitstheoretischen **Definition** ist ein Ereignis B (stochastisch) unabhängig von Ereignis A, wenn $W(B|A) = W(B|\bar{A}) = W(B)$ ist, wobei $\bar{A}$ (sprich: „nicht A“) das komplementäre Ereignis zu A ist.

Die Ereignisse A, B, C sind voneinander (stochastisch) unabhängig, wenn

- $W(A|B) = W(A|C) = W(A|B \cap C) = W(A),$
- $W(B|A) = W(B|C) = W(B|A \cap C) = W(B)$ und
- $W(C|A) = W(C|B) = W(C|A \cap B) = W(C).$

Beispiel: Beim Zufallsexperiment „Zweimaliges Ausspielen eines echten Würfels“ definieren wir:

A – Augenzahl 1 bei der ersten Ausspielung.

B – Augenzahl 3 bei der zweiten Ausspielung.

B hängt nicht von *A* ab.

Beispiel: Beim Zufallsexperiment „Ziehen von zwei Spielkarten ohne Zurücklegen" definieren wir:

A – „Herz" beim ersten Zug.

B – „Herz" beim zweiten Zug.

B hängt von *A* ab, da durch das Ziehen (ohne Zurücklegen) beim ersten Zug die Menge der Elementarereignisse um ein Element vermindert wurde.

Spezieller Multiplikationssatz

Für zwei unabhängige Ereignisse *A* und *B* gilt:

$$W(A \cap B) = W(A) \cdot W(B), \tag{8.10}$$

da ja dann $W(B) = W(B \mid A)$.

Entsprechend gilt für **drei unabhängige Ereignisse** *A*, *B* und *C*:

$$W(A \cap B \cap C) = W(A) \cdot W(B) \cdot W(C). \tag{8.11}$$

Beispiel: Gegeben sei eine Urne mit vier weißen und zwei schwarzen Kugeln. Gesucht sei die Wahrscheinlichkeit dafür, bei zwei Ziehungen beide Male eine weiße Kugel zu ziehen, wenn die zuerst gezogene Kugel wieder zurückgelegt wird.

Wir definieren:

A – weiße Kugel beim ersten Zug.

B – weiße Kugel beim zweiten Zug.

$$W(A \cap B) = W(A) \cdot W(B) = \frac{4}{6} \cdot \frac{4}{6} = \frac{4}{9}.$$

8.4.2.4 Totale (vollständige) Wahrscheinlichkeit

Beispiel: Gegeben seien zwei Urnen U_1 und U_2. U_1 enthalte drei weiße und zwei schwarze, U_2 enthalte eine weiße und vier schwarze Kugeln. Einer dieser beiden Urnen werde eine Kugel entnommen.

Wie groß ist die Wahrscheinlichkeit, eine weiße Kugel herauszugreifen, wenn nicht bekannt ist, aus welcher Urne die Kugel gezogen wird?

Wir definieren:

A_1 – Kugel stammt aus U_1.

A_2 – Kugel stammt aus U_2.

B – Kugel ist weiß.

Man beachte, dass Ereignis B nur entweder gemeinsam mit Ereignis A_1 oder mit Ereignis A_2 eintreten kann:

$$W(B) = W[(A_1 \cap B) \cup (A_2 \cap B)].$$

Durch Anwendung des Additionssatzes ergibt sich:

$$W(B) = W(A_1 \cap B) + W(A_2 \cap B).$$

Durch Anwendung des Multiplikationssatzes ergibt sich:

$$W(B) = W(A_1) \cdot W(B|A_1) + W(A_2) \cdot W(B|A_2)$$
$$= \frac{1}{2} \cdot \frac{3}{5} + \frac{1}{2} \cdot \frac{1}{5} = \frac{4}{10} = 0{,}4.$$

Allgemein gilt zur Berechnung der totalen Wahrscheinlichkeit $W(B)$:

Bilden die Ereignisse $A_1, A_2, ..., A_n$ ein vollständiges System, dann folgt für ein beliebiges Ereignis B:

$$W(B) = \sum_{i=1}^{n} W(A_i) \cdot W(B|A_i). \tag{8.12}$$

Von einem vollständigen System spricht man dann, wenn sich die zufälligen Ereignisse $A_1 \, A_2, ... , A_n$ einander paarweise ausschließen und die Menge der Elementarereignisse ausschöpfen.

In unserem Beispiel sind diese Bedingungen erfüllt, denn man kann die eine Kugel nicht sowohl aus U_1 als auch aus U_2 entnehmen; ferner befinden sich alle Kugeln (Elementarereignisse), die es in unserem Modell gibt, entweder in U_1 oder in U_2.

Ein weiteres Beispiel: In einer Produktionsabteilung eines Betriebs werden auf drei funktionsgleichen, jedoch qualitativ verschiedenen Maschinen Schrauben hergestellt. Die erste Maschine stellt 60 %, die zweite und dritte Maschine stellen jeweils 20 % der Gesamtproduktion einer bestimmten Zeitperiode her. Erfahrungsgemäß weisen die drei Aggregate Ausschussquoten von 10 % (Maschine 1), 5 % (Maschine 2) und 4 % (Maschine 3) auf. Wie groß ist die Wahrscheinlichkeit, dass eine in dieser Produktionsabteilung hergestellte Schraube unbrauchbar ist?

Wir definieren:

A_1 – Schraube entstammt Maschine 1.

A_2 – Schraube entstammt Maschine 2.

A_3 – Schraube entstammt Maschine 3.

B – Schraube ist unbrauchbar.

$$W(A_1) = 0{,}6; W(A_2) = 0{,}2; W(A_3) = 0{,}2;$$
$$W(B|A_1) = 0{,}1; W(B|A_2) = 0{,}05; W(B|A_3) = 0{,}04.$$
$$W(B) = W(A_1) \cdot W(B|A_1) + W(A_2) \cdot W(B|A_2) + W(A_3) \cdot W(B|A_3) =$$
$$= 0{,}6 \cdot 0{,}1 + 0{,}2 \cdot 0{,}05 + 0{,}2 \cdot 0{,}04 =$$
$$= 0{,}078.$$

Das Ergebnis ist so zu interpretieren, dass bei unendlich vielen Wiederholungen des Zufallsexperiments „Herausgreifen einer Schraube" unter demselben Bedingungsrahmen im Durchschnitt auf 1000 Schrauben 78 unbrauchbare kommen. Das heißt nicht, dass notwendigerweise unter jeweils 1000 Schrauben genau 78 unbrauchbare sein müssen.

8.4.2.5 Formel von Bayes

Beispiel: Gegeben seien wieder unsere zwei Urnen U_1 und U_2. Einer dieser beiden Urnen werde eine Kugel entnommen, ohne dass bekannt wäre, aus welcher Urne die Ziehung erfolgte. Bei Betrachtung der Kugel stelle sich heraus, dass eine weiße Kugel gezogen wurde.

Wie groß ist die Wahrscheinlichkeit, dass diese Kugel

1) aus U_1,

2) aus U_2 stammt?

Wir definieren:

A_1 – Kugel stammt aus U_1.

A_2– Kugel stammt aus U_2.

B – Kugel ist weiß.

Gesucht ist im Fall 1) die Wahrscheinlichkeit dafür, dass sie aus U_1 stammt, wenn sie weiß ist:

$$W(A_1|B) = ?$$

Nach (8.6) gilt dann:

$$W(A_1|B) = \frac{W(B \cap A_1)}{W(B)}.$$

Lösen wir Zähler und Nenner mithilfe von (8.7) und (8.12) auf, so erhalten wir die Formel von Bayes:

$$W(A_1|B) = \frac{W(A_1) \cdot W(B|A_1)}{W(A_1) \cdot W(B|A_1) + W(A_2) \cdot W(B|A_2)}$$

$$= \frac{\frac{1}{2} \cdot \frac{3}{5}}{\frac{1}{2} \cdot \frac{3}{5} + \frac{1}{2} \cdot \frac{1}{5}} = \frac{3}{4} = 0{,}75.$$

Fall 2) könnte analog wie folgt gelöst werden:

$$W(A_2|B) = \frac{W(A_2) \cdot W(B|A_2)}{W(A_1) \cdot W(B|A_1) + W(A_2) \cdot W(B|A_2)};$$

da wir jedoch bereits $W(A_1 \mid B)$ berechnet haben und die gezogene Kugel ja nur entweder aus U_1 oder U_2 stammen kann, berechnen wir:

$$W(A_2|B) = 1 - W(A_1|B) = 1 - 0{,}75 = 0{,}25.$$

Allgemein lautet die **Formel von Bayes** wie folgt:

$$W(A_j|B) = \frac{W(A_j) \cdot W(B|A_j)}{\sum_{i=1}^{n} W(A_i) \cdot W(B|A_i)} \quad (j = 1, \dots, n). \tag{8.13}$$

Ein weiteres Beispiel: Aus der Gesamtproduktion des in Kapitel 8.4.2.4 charakterisierten Betriebs wird eine Schraube entnommen.

Mit welcher Wahrscheinlichkeit kann die Hypothese aufrechterhalten werden, dass die gezogene Schraube aus Maschine 1 stammt,

1) wenn sie unbrauchbar ist;
2) wenn sie brauchbar ist?

Zur Lösungsvorbereitung definieren wir die Ereignisse und notieren die gegebenen Wahrscheinlichkeiten:

A_1 – Schraube entstammt Maschine 1.

A_2 – Schraube entstammt Maschine 2.

A_3 – Schraube entstammt Maschine 3.

B – Schraube ist unbrauchbar.

$\bar{B}$ – Schraube ist brauchbar.

$$W(A_1) = 0{,}6; W(A_2) = 0{,}2; W(A_3) = 0{,}2;$$

$$W(B|A_1) = 0{,}1; W(B|A_2) = 0{,}05; W(B|A_3) = 0{,}04.$$

Aus der letzten Zeile folgt:

$$W(\bar{B}|A_1) = 0{,}9; W(\bar{B}|A_2) = 0{,}95; W(\bar{B}|A_3) = 0{,}96.$$

Lösung zu Fall 1):

$$W(A_1|B) = \frac{W(A_1) \cdot W(B|A_1)}{\sum_{i=1}^{3} W(A_i) \cdot W(B|A_i)}$$

$$= \frac{0{,}6 \cdot 0{,}1}{0{,}6 \cdot 0{,}1 + 0{,}2 \cdot 0{,}05 + 0{,}2 \cdot 0{,}04} \approx 0{,}77.$$

Lösung zu Fall 2):

$$W(A_1|\bar{B}) = \frac{W(A_1) \cdot W(\bar{B}|A_1)}{\sum_{i=1}^{3} W(A_i) \cdot W(\bar{B}|A_i)}$$

$$= \frac{0{,}6 \cdot 0{,}9}{0{,}6 \cdot 0{,}9 + 0{,}2 \cdot 0{,}95 + 0{,}2 \cdot 0{,}96} \approx 0{,}59.$$

Während man $W(A_j)$ in diesem Zusammenhang häufig als „A-priori-Wahrscheinlichkeiten" bezeichnet, nennt man $W(A_j|B)$ bzw. $W(A_j|\bar{B})$ „A-posteriori-Wahrscheinlichkeiten" oder „Revidierte Wahrscheinlichkeiten".

Aufgaben zur Selbstkontrolle

Aufgabe 1
Wie groß ist die Wahrscheinlichkeit, bei einmaliger Ausspielung eines echten Würfels nicht die Augenzahl 6 zu erhalten?

Lösung
A – Augenzahl 6, $\bar{A}$ – komplementäre Ereignis zu A: keine „6".

$$W(\bar{A}) = 1 - W(A) = \frac{5}{6}.$$

Aufgabe 2
Wie groß ist die Wahrscheinlichkeit, aus den 32 Karten eines Skatspiels ein „Herz" oder „Bube, Dame, König, As" bei einmaligem Versuch zu ziehen?

Lösung
A – „Herz"; B – „Bube, Dame, König, As".

$$W(A \cup B) = W(A) + W(B) - W(A \cap B)$$

$$= \frac{8}{32} + \frac{16}{32} - \frac{4}{32} = \frac{20}{32} = \frac{5}{8}.$$

Aufgabe 3

Es sei bekannt, dass die Wahrscheinlichkeit eines irreparablen Defekts einer Waschmaschine bestimmten Typs im Laufe des ersten Monats nach Inbetriebnahme 0,01 und für
den Zeitraum der elf folgenden Monate 0,02 beträgt. Wie groß ist die Wahrscheinlichkeit, dass eine Waschmaschine vor Ablauf der Garantiezeit von einem Jahr total unbrauchbar wird?

Lösung

A – irreparabler Defekt während des ersten Monats.

B – irreparabler Defekt während der folgenden elf Monate.

$$W(A \cup B) = W(A) + W(B) = 0{,}01 + 0{,}02 = 0{,}03.$$

Aufgabe 4

Wie groß ist die Wahrscheinlichkeit, aus der Menge der Buchstaben des deutschen Alphabets bei Ziehungen ohne Zurücklegen das Wort STICHPROBE zu ziehen?

Lösung

A – Buchstabe S; B – Buchstabe T; ... ; J – Buchstabe E.

$$W(A \cap B \cap ... \cap J) = W(A) \cdot W(B|A) \cdot ... \cdot W(J|A \cap B \cap ... \cap I)$$

$$= \frac{1}{26} \cdot \frac{1}{25} \cdot ... \cdot \frac{1}{17} \approx 5{,}188 \cdot 10^{-14}.$$

Aufgabe 5

Wie groß ist die Wahrscheinlichkeit, beim Ausfüllen einer Box eines Lottoscheins sechs
Richtige (ohne Berücksichtigung der Zusatzzahl) anzukreuzen?

Lösungsmöglichkeit a

A – Sechs Richtige.

$$W(A) = \frac{1}{\binom{49}{6}} = \frac{1}{13\,983\,816}.$$

Lösungsmöglichkeit b

A – eine richtige Zahl bei der ersten Auswahl.
.
.
.
F – eine richtige Zahl bei der sechsten Auswahl.

$$W(A \cap B \cap ... \cap F) = W(A) \cdot W(B|A) \cdot ... \cdot W(F|A \cap B \cap ... \cap E)$$

$$= \frac{6}{49} \cdot \frac{5}{48} \cdot ... \cdot \frac{1}{44} = \frac{1}{13\,983\,816}.$$

Aufgabe 6

Wie groß ist die Wahrscheinlichkeit, dass bei einem echten (nicht gezinkten) Roulette siebenmal nacheinander eine rote Zahl ausgespielt wird?

Lösung

A – rote Zahl bei der ersten Ausspielung.

.

.

.

G – rote Zahl bei der siebten Ausspielung.

$$W(A \cap B \cap ... \cap G) = W(A) \cdot W(B) \cdot ... \cdot W(G) = \left(\frac{18}{37}\right)^7 = 0{,}00645.$$

Aufgabe 7

Gegeben sei eine Tüte mit 50 Gummibären (10 rote, 15 grüne, 12 gelbe, 5 weiße, 6 orangefarbene und 2 farblich undefinierbare). Wie groß ist die Wahrscheinlichkeit, beim Herausgreifen von 3 Gummibären (ohne Zurücklegen) der Reihenfolge nach einen roten, grünen und gelben oder statt dieser drei einen weißen, orangefarbenen und farblich undefinierbaren in der genannten Reihenfolge zu erhalten?

Lösung

A_1 – roter Gummibär beim ersten Zug;

A_2 – grüner beim zweiten Zug;

A_3 – gelber beim dritten Zug;

B_1 – weißer beim ersten Zug;

B_2 – orangefarbener beim zweiten Zug;

B_3 – farblich undefinierbarer beim dritten Zug.

$$W[(A_1 \cap A_2 \cap A_3) \cup (B_1 \cap B_2 \cap B_3)] = W(A_1 \cap A_2 \cap A_3) + W(B_1 \cap B_2 \cap B_3)$$

$$= \frac{10}{50} \cdot \frac{15}{49} \cdot \frac{12}{48} + \frac{5}{50} \cdot \frac{6}{49} \cdot \frac{2}{48} \approx 0{,}0158.$$

Aufgabe 8

Zwei neue Aggregate, deren Funktionssicherheit mit jeweils 0,9 angegeben wird, werden nacheinander getestet. Ein Schaden an einem Aggregat habe keinen Einfluss auf die Funktionstüchtigkeit des anderen Aggregats. Wie groß ist die Wahrscheinlichkeit, dass

8a) beide Aggregate funktionieren

8b) kein Aggregat funktioniert

8c) nur eins von beiden Aggregaten funktioniert?

8d) wenigstens ein Aggregat funktioniert?

Lösungen

zu 8a): $0,9 \cdot 0,9 = 0,81$.

zu 8b): $0,1 \cdot 0,1 = 0,01$.

zu 8c): $0,9 \cdot 0,1 + 0,1 \cdot 0,9 = 0,18$.

zu 8d): $0,9 + 0,9 - 0,81 = 0,99$.

(Oder: Addition der Ergebnisse von 8c) und 8a); oder: $1 - 0,01$.)

Aufgabe 9

In der Waschmaschine liegen einzeln und ungeordnet 4 Paar Socken von verschiedener Farbe. Sie entnehmen der Waschmaschine ohne Zurücklegen nacheinander zufällig vier einzelne Socken. Wie groß ist die Wahrscheinlichkeit, dass Sie dabei vier Socken unterschiedlicher Farbe ziehen?

Lösung

$$\frac{8}{8} \cdot \frac{6}{7} \cdot \frac{4}{6} \cdot \frac{2}{5} \approx 0,2286.$$

Aufgabe 10

Sie nehmen an einem Gewinnspiel teil. Ziel ist es, aus drei verdeckten Feldern dasjenige auszuwählen, hinter dem sich der Gewinn verbirgt. Es gibt also nur ein Gewinnfeld. Die Spielregeln sind nun wie folgt: Sie wählen ein Feld. Es wird Ihnen jedoch nicht gleich mitgeteilt, ob sich dahinter Gewinn oder Niete verbirgt. Der Moderator deckt nun unter den verbleibenden zwei Feldern eines auf, hinter dem sich eine Niete verbirgt. Danach werden Sie nochmals vor die Wahl gestellt, das von Ihnen gewählte Feld entweder zu behalten oder es zu verlassen und auf das andere, noch nicht aufgedeckte Feld zu setzen.

Wir nehmen an, dass Sie Feld Nr. 1 gewählt haben und der Moderator das Feld Nr. 2 (Niete) aufdeckt. Berechnen Sie mithilfe der Formel von Bayes, ob es sich lohnt, das Feld zu wechseln.

Lösung

A_1: Gewinn verbirgt sich hinter Feld Nr. 1

A_2: Gewinn verbirgt sich hinter Feld Nr. 2

A_3: Gewinn verbirgt sich hinter Feld Nr. 3

B: Moderator deckt Feld Nr. 2 auf.

$$W(A_1) = \frac{1}{3}; \quad W(B|A_1) = \frac{1}{2};$$

$$W(A_2) = \frac{1}{3}; \quad W(B|A_2) = 0;$$

$$W(A_3) = \frac{1}{3}; \quad W(B|A_3) = 1;$$

Nach (8.13) ergibt sich:

$$W(A_1|B) = \frac{\frac{1}{3} \cdot \frac{1}{2}}{\frac{1}{3} \cdot \frac{1}{2} + \frac{1}{3} \cdot 0 + \frac{1}{3} \cdot 1} = \frac{1}{3};$$

$$W(A_3|B) = \frac{\frac{1}{3} \cdot 1}{\frac{1}{3} \cdot \frac{1}{2} + \frac{1}{3} \cdot 0 + \frac{1}{3} \cdot 1} = \frac{2}{3}.$$

Es lohnt sich zu wechseln.

Theoretische Verteilungen 9

Ordnen wir jedem Elementarereignis eine Wahrscheinlichkeit zu und zwar derart, dass diese Zuordnung annehmbar ist, so erhalten wir eine Wahrscheinlichkeitsverteilung. Annehmbar ist eine Zuordnung dann, wenn die Wahrscheinlichkeit jedes Elementarereignisses eine nichtnegative Zahl und die Summe aller den Elementarereignissen zugeordneten Wahrscheinlichkeiten des Ereignisraums 1 beträgt.

Trotz dieser Restriktionen gibt es eine Vielfalt von Möglichkeiten, den Elementarereignissen Wahrscheinlichkeiten zuzuordnen, d. h. die Wahrscheinlichkeit 1 des sicheren Ereignisses auf die Ereignisse zu verteilen. Durch eine **Wahrscheinlichkeitsfunktion** bzw. **Verteilungsfunktion** (vgl. unten) wird eine Wahrscheinlichkeitsverteilung eindeutig bestimmt.

In der beschreibenden Statistik haben wir beobachteten Merkmalsausprägungen Häufigkeiten zugeordnet und somit Häufigkeitsverteilungen erhalten. Wahrscheinlichkeitsverteilungen können als theoretische Grenzformen von (relativen) Häufigkeitsverteilungen dann angesehen werden, wenn die Anzahl der Beobachtungen sehr groß ist (vgl. Kap. 8.4.1.2). Daher dürfen wir Wahrscheinlichkeitsverteilungen als Verteilungen für Grundgesamtheiten betrachten.

9.1 Zufallsvariable und Wahrscheinlichkeitsfunktion

Betrachten wir zunächst das Zufallsexperiment „Zweimaliges Ausspielen eines echten Würfels", und interessieren wir uns für die möglichen Resultate (Elementarereignisse), die bei Durchführung des Zufallsexperiments auftreten können. Jedem denkbaren Resultat ordnen wir einen Wert, in unserem Beispiel die Augensumme, zu (vgl. Abb. 9.1).

Betrachten wir die vorgestellten Resultate unseres Zufallsexperiments als Elemente der Menge $\mathbb{D}$ und die reellen Zahlen 2, ... ,12 als Elemente der Menge $\mathbb{W}$, so haben wir

© Springer Fachmedien Wiesbaden GmbH, ein Teil von Springer Nature 2020
J. Puhani, *Statistik*, https://doi.org/10.1007/978-3-658-28955-3_10

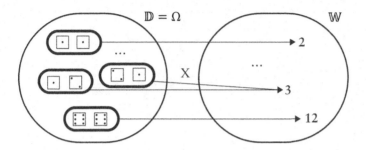

Abb. 9.1 Zufallsvariable

jedem Element der Menge $\mathbb{D}$ ein und nur ein Element der Menge $\mathbb{W}$ zugeordnet. Eine derartige Abbildung ist eine Funktion.

Eine eindeutige reelle Funktion, die speziell auf die Menge aller Elementarereignisse definiert ist, bezeichnet man als Zufallsvariable. Eine **Zufallsvariable** ist also eine **Funktion** und nicht eine Variable im Sinne der Analysis.

Eine Zufallsvariable werden wir mit einem dem Ende des Alphabets entnommenen lateinischen Großbuchstaben bezeichnen. Auf einen historisch bedingten Sonderfall wird hingewiesen (vgl. Kap. 9.6.2.1). Ist also X eine Zufallsvariable, so kennzeichnen wir mit dem Kleinbuchstaben x die Werte dieser Zufallsvariablen.

Ordnet man nunmehr den Werten einer Zufallsvariablen die entsprechenden Wahrscheinlichkeiten zu, so erhält man eine andere Funktion f, die wir als Wahrscheinlichkeitsfunktion bezeichnen (vgl. Abb. 9.2).

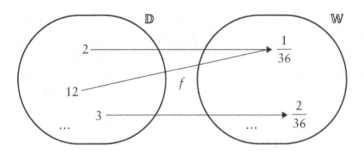

Abb. 9.2 Wahrscheinlichkeitsfunktion

9.2 Wahrscheinlichkeits- und Verteilungsfunktion einer diskreten Zufallsvariablen

Eine Zufallsvariable bezeichnet man dann als **diskret**, wenn sie nur endlich viele oder abzählbar unendlich viele reelle Werte annehmen kann (vgl. Kap. 1.1.1).

Unsere Zufallsvariable „Augensumme" ist also diskret. In Tabelle 9.1 und Abb. 9.3 ist die **Wahrscheinlichkeitsfunktion** dieser Zufallsvariablen dargestellt.

Man beachte, dass die Werte einer Zufallsvariablen auch dann durch reelle Zahlen ausdrückbar sind, wenn eine Nominalskala vorliegt. Betrachtet man z. B. die Zufallsvariable „Geschlecht von Neugeborenen", so können wir dem Ereignis „Mädchen" die 0 und dem Ereignis „Junge" die 1 zuordnen.

Die **Wahrscheinlichkeit** dafür, dass unsere Zufallsvariable X (Augensumme) den Wert $x_1 = 2$ annimmt, wollen wir formal wie folgt ausdrücken:

$$W(X = x_1) = f(x_1) = \frac{1}{36}.$$

Tabelle 9.1   Wahrscheinlichkeitsfunktion

Werte der Zufallsvariablen x_i	Wahrscheinlichkeit $f(x_i)$	Rechenteil zu Abschnitt 9.4.1 $x_i f(x_i)$
2	$\frac{1}{36}$	$\frac{2}{36}$
3	$\frac{2}{36}$	$\frac{6}{36}$
4	$\frac{3}{36}$	
5	$\frac{4}{36}$	
6	$\frac{5}{36}$	.
7	$\frac{6}{36}$	.
8	$\frac{5}{36}$	.
9	$\frac{4}{36}$	
10	$\frac{3}{36}$	
11	$\frac{2}{36}$	
12	$\frac{1}{36}$	$\frac{12}{36}$
Summe	1	7

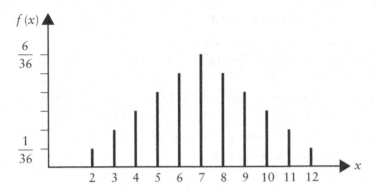

Abb. 9.3 Wahrscheinlichkeitsfunktion

Da unsere Zufallsvariable andere Werte als x_1, x_2, ..., x_{11}, d.h. als 2, 3, ..., 12, nicht annehmen kann, muss die **Summe der Einzelwahrscheinlichkeiten** gleich 1 sein:

$$\sum_{2 \leq x_i \leq 12} f(x_i) = \sum_{i=1}^{11} f(x_i) = f(2) + f(3) + \cdots + f(12) = 1 \, .$$

Um z. B. die Wahrscheinlichkeit dafür zu berechnen, dass unsere Zufallsvariable einen Wert zwischen 2 (ausschließlich) und 4 (einschließlich) annimmt, sind die Einzelwahrscheinlichkeiten $f(3)$ und $f(4)$ zu addieren:

$$W(2 < X \leq 4) = \sum_{2 < x_i \leq 4} f(x_i) = f(3) + f(4) = \frac{2}{36} + \frac{3}{36} = \frac{5}{36}.$$

Allgemein gilt für **beliebige reelle Zahlen** a und b:

$$W(a < X \leq b) = \sum_{a < x_i \leq b} f(x_i). \tag{9.1}$$

Die Verteilungsfunktion einer Zufallsvariablen X gibt die Wahrscheinlichkeit dafür an, dass die Zufallsvariable X einen Wert annimmt, der höchstens x ist.

Die Funktion

$$F(x) = W(X \leq x) = \sum_{x_i \leq x} f(x_i)$$

heißt Verteilungsfunktion.

Um die zu unserem Würfelbeispiel zugehörige Verteilungsfunktion zu erhalten, kumulieren wir schrittweise die einzelnen Wahrscheinlichkeiten und ordnen jedem Wert der Zufallsvariablen die bis dahin kumulierten Wahrscheinlichkeiten zu (vgl. Tabelle 9.2 und Abb. 9.4).

Es ist zu beachten, dass die Verteilungsfunktion für alle reellen x definiert ist, also auch in den Intervallen, in denen die diskrete Zufallsvariable keine Werte annimmt. Für alle $x < 2$ ist der Graph unserer Verteilungsfunktion mit der x-Achse identisch.

Tabelle 9.2 Verteilungsfunktion

Werte der Zufallsvariablen x_i	Kumulierte Wahrscheinlichkeiten $F(x_i)$
2	$\frac{1}{36}$ für $2 \leq x < 3$
3	$\frac{3}{36}$ für $3 \leq x < 4$
4	$\frac{6}{36}$ für $4 \leq x < 5$
5	$\frac{10}{36}$ für $5 \leq x < 6$
6	$\frac{15}{36}$ für $6 \leq x < 7$
7	$\frac{21}{36}$ für $7 \leq x < 8$
8	$\frac{26}{36}$ für $8 \leq x < 9$
9	$\frac{30}{36}$ für $9 \leq x < 10$
10	$\frac{33}{36}$ für $10 \leq x < 11$
11	$\frac{35}{36}$ für $11 \leq x < 12$
12	1 für $12 \leq x$

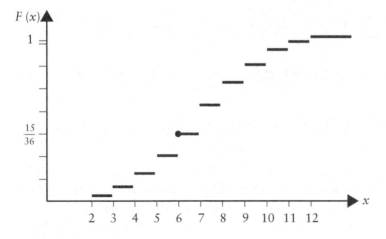

Abb. 9.4 Verteilungsfunktion

An den Stellen $x = 2$, $x = 3$, ... , $x = 12$ hat die Verteilungsfunktion **Sprungstellen.** Die **Sprunghöhen** entsprechen den Einzelwahrscheinlichkeiten.

Der hervorgehobene Punkt in Abb. 9.4 besagt, dass mit einer Wahrscheinlichkeit von $\frac{15}{36}$ unsere Zufallsvariable einen Wert von höchstens 6 annimmt:

$$F(6) = W(X \leq 6) = \sum_{x_i \leq 6} f(x_i) = \frac{15}{36}.$$

Die Wahrscheinlichkeit dafür, dass unsere Zufallsvariable einen Wert zwischen 6 (ausschließlich) und 10 (einschließlich) annimmt, kann mithilfe der Verteilungsfunktion wie folgt berechnet werden:

$$W(6 < X \leq 10) = F(10) - F(6) = W(X \leq 10) - W(X \leq 6) =$$
$$= \frac{33}{36} - \frac{15}{36} = \frac{18}{36}.$$

Allgemein gilt für **beliebige reelle Zahlen** a und b:

$$W(a < X \leq b) = F(b) - F(a) = W(X \leq b) - W(X \leq a)$$

$$= \sum_{x_i \leq a} f(x_i) - \sum_{x_i \leq b} f(x_i). \tag{9.2}$$

9.3   Dichte- und Verteilungsfunktion einer stetigen Zufallsvariablen

Eine Zufallsvariable ist dann **stetig,** wenn sie jeden beliebigen reellen Wert zumindest in einem bestimmten Intervall annehmen, d. h. wenigstens ein Intervall der reellen Zahlengerade ausfüllen kann (vgl. Kap. 1.1.1).

Aus der Definition folgt, dass die Wahrscheinlichkeit dafür, dass eine stetige Zufallsvariable von ihren nicht abzählbar unendlich vielen Werten genau den Wert a annimmt, gleich Null ist.

Aus der Definition der Stetigkeit folgt ferner, dass für **beliebige reelle Zahlen** a und b gilt:

$$W(a \leq X \leq b) = W(a < X \leq b) = W(a \leq X < b) = W(a < X < b).$$

Zur Veranschaulichung wollen wir von einer Häufigkeitsverteilung einer sehr umfangreichen Grundgesamtheit ausgehen. Die Ausprägungen des untersuchten stetigen Merkmals X (die Realisierungen der Zufallsvariablen X) seien nur in wenige Klassen eingeteilt (vgl. Abb. 9.5). Wir erinnern uns, dass bei einem Histogramm (vgl. Kap. 1.1.4) die Flächen der einzelnen Rechtecke den Häufigkeiten proportional sind. Ist die Breite eines jeden Rechtecks als eine Einheit definiert, so ist die Maßzahl der Rechteckshöhe

gleich der Flächenmaßzahl, also gleich der Häufigkeit. Sind relative Häufigkeiten abgetragen, ist die Summe der Rechtecksflächen gleich 1.

Man könnte nun – zumindest gedanklich – die Klassierung verfeinern, d. h. die Klas-
senintervalle enger wählen und damit ihre Anzahl erhöhen (vgl. Abb. 9.6). Die Summe
der Rechtecksflächen, also die Summe der relativen Häufigkeiten, ist nach wie vor gleich 1.
Die Maßzahl der Rechteckshöhe entspricht jetzt aber nicht mehr der jeweiligen Flächenmaßzahl, also nicht mehr der jeweiligen relativen Häufigkeit.

Im Grenzfall werden wir unendlich viele, jedoch extrem schmale Rechtecke erhalten.
Die in Abb. 9.7 dargestellte idealisierte Häufigkeitsverteilung nennt man **Dichtefunktion.**

Will man die Fläche unter einer Dichtefunktion ermitteln, so sind quasi die Flächen
von unendlich vielen, allerdings extrem schmalen Rechtecken zu summieren. Wir müssen – genauer gesagt – die Dichtefunktion integrieren, d. h. den Grenzwert einer Folge
von Summen bilden, bei der die Zahl der Summanden gegen Unendlich und der Wert
eines jeden Summanden (Flächeninhalts) gegen Null strebt.

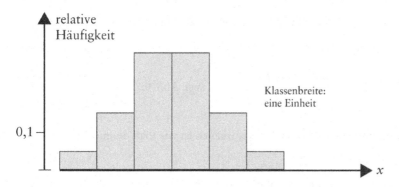

Abb. 9.5 Relative Häufigkeit

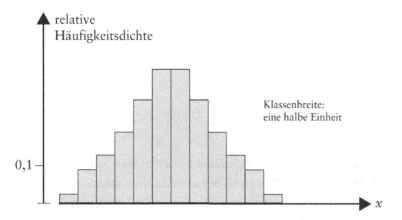

Abb. 9.6 Relative Häufigkeitsdichte

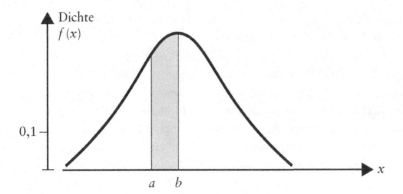

Abb. 9.7 Dichtefunktion

Für jede Dichtefunktion gilt allgemein:

$$\int_{-\infty}^{+\infty} f(x)dx = 1 \ \text{ und } f(x) \geq 0; x \in \mathbb{R}$$

$$W(a < X \leq b) = \int_{a}^{b} f(x)dx \quad \text{(vgl. Abb. 9.7)}. \tag{9.3}$$

Die Verteilungsfunktion einer stetigen Zufallsvariablen ist wie folgt definiert:

$$F(x) = W(X \leq x) = \int_{-\infty}^{x} f(v)dv$$

Die Integrationsvariable wurde deswegen mit v (statt x) bezeichnet, da das Symbol x schon als obere Integrationsgrenze vorkommt.

Die Wahrscheinlichkeit dafür, dass die stetige Zufallsvariable höchstens den Wert a annimmt, ist

$$F(a) = W(X \leq a) = \int_{-\infty}^{a} f(x)dx$$

Die Wahrscheinlichkeit dafür, dass die stetige Zufallsvariable einen Wert zwischen a und b annimmt (vgl. Abb. 9.7 und 9.8), erhalten wir auch dadurch, dass wir vom Wert der Verteilungsfunktion an der Stelle b den Wert der Verteilungsfunktion an der Stelle a abziehen:

$$W(a < X \le b) = F(b) - F(a) = W(X \le b) - W(X \le a) =$$

$$= \int_{-\infty}^{b} f(x)dx - \int_{-\infty}^{a} f(x)dx. \tag{9.4}$$

Als Beispiel für stetige Zufallsvariable seien hier die Zugfestigkeit von Draht, die Brenn-dauer von Leuchtmitteln, die Bearbeitungszeit von Werkstücken oder das Gewicht von Keksen einer bestimmten Produktionsserie genannt. In der Praxis wird man immer die auftretende Zufallsvariable als stetig verteilt betrachten dürfen, wenn sich die Wahr-scheinlichkeit dafür, dass die Zufallsvariable einen Wert innerhalb eines Intervalls an-nimmt, bei geringfügiger Verschiebung des Intervalls nicht sprunghaft, sondern konti-nuierlich ändert.

Im konkreten Fall wird man sich natürlich fragen müssen, wie der Kurvenverlauf der Dichtefunktion aussieht. Um eine Vorstellung darüber zu gewinnen, könnte man sich durch Zufallsstichproben Realisierungen der Zufallsvariablen beschaffen und ein Histo-gramm zeichnen. Das Resultat könnte z. B. ein glockenförmiger (vgl. Abb. 9.7 und 9.8), nichtsymmetrischer (vgl. Abb. 9.15), gleichmäßiger (vgl. Abb. 9.10) oder exponentieller Kurvenverlauf sein. Man wird schließlich diejenige Funktion als Dichtefunktion wählen, die sich bestens an den empirischen Befund anpasst.

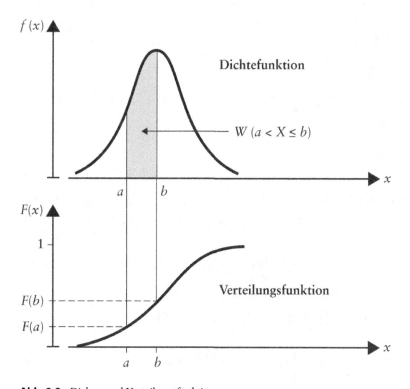

Abb. 9.8 Dichte- und Verteilungsfunktion

9.4 Erwartungswert und Varianz von diskreten und stetigen Zufallsvariablen

9.4.1 Berechnung von Erwartungswerten

Die Lage der Verteilung einer Zufallsvariablen X wird durch ihren Erwartungswert EX beschrieben. Man schreibt für EX auch μ. Der Erwartungswert einer Zufallsvariablen ist nichts anderes als das **gewogene arithmetische Mittel aller Werte** dieser Zufallsvariablen.

Berechnung im **diskreten** Fall:

$$\mu = EX = \sum_i x_i f(x_i). \tag{9.5}$$

Berechnung im **stetigen** Fall:

$$\mu = EX = \int_{-\infty}^{+\infty} x f(x)dx. \tag{9.6}$$

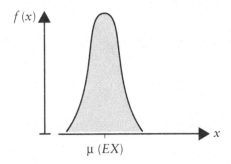

Abb. 9.9 Erwartungswert

Beispiel 1: Man berechne den Erwartungswert der Zufallsvariablen Augensumme beim Zufallsexperiment „Zweimaliges Ausspielen eines echten Würfels". Lösung: vgl. Tabelle 9.1.

$$\mu = EX = \sum_{i=1}^{11} x_i f(x_i) = 7.$$

Beispiel 2: Man berechne den Erwartungswert folgender Dichtefunktion:

$$f(x) = \begin{cases} \dfrac{1}{a}, & \text{wenn } -\dfrac{a}{2} \le x \le \dfrac{a}{2} \\ 0, & \text{sonst.} \end{cases}$$

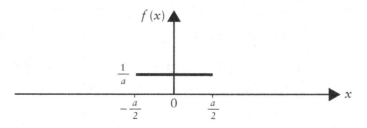

Abb. 9.10 Rechteckverteilung

Lösung:

$$\mu = EX = \int\limits_{-\infty}^{+\infty} xf(x)dx = \int\limits_{-\frac{a}{2}}^{\frac{a}{2}} x\frac{1}{a}dx = \frac{1}{a}\int\limits_{-\frac{a}{2}}^{\frac{a}{2}} xdx = \frac{1}{a}\frac{x^2}{2}\Bigg|_{-\frac{a}{2}}^{\frac{a}{2}}$$

$$= \frac{1}{a}\cdot\frac{\left(\frac{a}{2}\right)^2}{2} - \frac{1}{a}\cdot\frac{\left(-\frac{a}{2}\right)^2}{2} = 0.$$

9.4.2 Berechnung von Varianzen

Die Streuung der Verteilung einer Zufallsvariablen X wird in der Regel durch ihre Varianz VX oder ihre Standardabweichung $\sqrt{VX}$ beschrieben. Man schreibt für VX bzw. $\sqrt{VX}$ auch σ^2 bzw. σ.

Die Varianz ist ein gewogenes arithmetisches Mittel der quadrierten Abweichungen der Werte der Zufallsvariablen von ihrem Erwartungswert.

Berechnung der Varianz im **diskreten** Fall:

$$\sigma^2 = VX = \sum_i (x_i - EX)^2 f(x_i). \tag{9.7}$$

Berechnung der Varianz im **stetigen** Fall:

$$\sigma^2 = VX = \int\limits_{-\infty}^{+\infty} (x_i - EX)^2 f(x)dx. \tag{9.8}$$

Allgemeine Schreibweise:

$$\sigma^2 = VX = E(X - EX)^2. \tag{9.9}$$

Durch Umformung erhält man aus (9.9) den rechentechnisch oft bequemeren Ausdruck:

$$\sigma^2 = VX = EX^2 - (EX)^2. \tag{9.10}$$

Beispiel 1: Man berechne Varianz und Standardabweichung der Zufallsvariablen Augensumme beim Zufallsexperiment „Zweimaliges Ausspielen eines echten Würfels". Lösung: Nach (9.7):

$$\sigma^2 = VX = (2-7)^2 \cdot \frac{1}{36} + (3-7)^2 \cdot \frac{2}{36} + \cdots + (12-7)^2 \cdot \frac{1}{36} = 5,8\overline{3} \text{ (vgl. Tabelle 9.1).}$$

$$\sigma \quad = \sqrt{VX} \approx 2,42.$$

Zur Interpretation der Standardabweichung vgl. Kapitel 3.3.

Nach (9.10):

$$\sigma^2 = VX = EX^2 - (EX)^2$$

$$(EX)^2 = 7^2 = 49 \text{ (vgl. Kap. 9.4.1).}$$

$$EX^2 = \sum_i x_i^2 f(x_i) = 4 \cdot \frac{1}{36} + 9 \cdot \frac{2}{36} + \cdots + 144 \cdot \frac{1}{36} = 54,8\overline{3}.$$

$$\sigma^2 = VX = 54,8\overline{3} - 49 = 5,8\overline{3}.$$

Beispiel 2: Man berechne die Varianz der in Beispiel 2 des Kapitels 9.4.1 angegebenen Dichtefunktion. Lösung:

$$\sigma^2 = VX = EX^2 - (EX)^2$$

$$(EX)^2 = 0.$$

$$EX^2 = \int_{-\frac{a}{2}}^{\frac{a}{2}} x^2 \frac{1}{a} dx = \frac{1}{a} \cdot \frac{x^3}{3} \Big|_{-\frac{a}{2}}^{\frac{a}{2}}$$

$$= \frac{1}{a} \cdot \frac{\left(\frac{a}{2}\right)^3}{3} - \frac{1}{a} \cdot \frac{\left(-\frac{a}{2}\right)^3}{3} = \frac{a^2}{12}$$

$$\sigma^2 = VX = \frac{a^2}{12} - 0 = \frac{a^2}{12}.$$

9.5 Spezielle diskrete Verteilungen

9.5.1 Binomialverteilung

Wir wollen uns zunächst für die Wahrscheinlichkeit interessieren, dass eine Familie, die fünf Kinder erhält, zwei Jungen bekommt. Wir haben es hier mit Zufallsexperimenten zu tun, bei denen bei einmaliger Ausführung lediglich **zwei Elementarereignisse** (Junge, Mädchen) möglich sind. Mehrlingsgeburten betrachten wir als Durchführungen mehrerer Experimente.

Ferner sei angenommen, dass eine Jungengeburt (Mädchengeburt) keinen Einfluss auf das Geschlecht des danach geborenen Kindes hat. Aus langjährigen Untersuchungen sei bekannt, dass die Wahrscheinlichkeit für eine Jungengeburt 0,514 beträgt.

Unsere Fragestellung lautet somit genauer wie folgt: Wie groß ist die Wahrscheinlichkeit, bei fünf unabhängigen Durchführungen des Zufallsexperiments genau zwei Jungengeburten zu erhalten, wenn die Wahrscheinlichkeit für eine Jungengeburt bei einmaliger Durchführung 0,514 beträgt?

Das Resultat, zwei Jungen und drei Mädchen zu erhalten, kann in 10 verschiedenen Kombinationen eintreten:

Junge, Junge, Mädchen, Mädchen, Mädchen,

oder

Junge, Mädchen, Junge, Mädchen, Mädchen,

oder … oder

Mädchen, Mädchen, Mädchen, Junge, Junge.

Die Wahrscheinlichkeit dafür, dass man z. B. bei den ersten beiden Experimenten jeweils einen Jungen, bei den restlichen drei Experimenten jeweils ein Mädchen erhält, ergibt sich nach dem speziellen Multiplikationssatz durch Multiplikation der Einzelwahrscheinlichkeiten:

W (Junge ∩ Junge ∩ Mädchen ∩ Mädchen ∩ Mädchen)
$= 0{,}514 \cdot 0{,}514 \cdot 0{,}486 \cdot 0{,}486 \cdot 0{,}486 \approx 0{,}0303.$

Ebenso gilt:

W (Junge ∩ Mädchen ∩ Junge ∩ Mädchen ∩ Mädchen)
$= 0{,}514 \cdot 0{,}486 \cdot 0{,}514 \cdot 0{,}486 \cdot 0{,}486 \approx 0{,}0303.$

$\vdots$

W (Mädchen ∩ Mädchen ∩ Mädchen ∩ Junge ∩ Junge)
$= 0{,}486 \cdot 0{,}486 \cdot 0{,}486 \cdot 0{,}514 \cdot 0{,}514 \approx 0{,}0303.$

Da wir uns lediglich für die Wahrscheinlichkeit interessieren, zwei Jungen und drei Mädchen zu erhalten, und wir nicht auf eine bestimmte Abfolge abzielen, sind die Einzelwahrscheinlichkeiten für die 10 möglichen Abfolgen nach dem (speziellen) Additionssatz der Wahrscheinlichkeitsrechnung zu addieren.

Schreiben wir für die Wahrscheinlichkeit, zwei Jungen bei fünf unabhängigen Experimenten zu erhalten, wenn die Wahrscheinlichkeit bei einmaliger Durchführung des Experiments 0,514 beträgt, kurz $f(2 \mid 5; 0{,}514)$, so gilt also:

$$f(2 \mid 5; 0{,}514) \approx 10 \cdot 0{,}0303 = 10 \cdot 0{,}514^2 \cdot 0{,}486^3 = 0{,}303.$$

Bezeichnet man allgemein die Anzahl der Erfolge – was immer man darunter definieren mag – mit x, die Anzahl der unabhängigen Experimente mit n und die Einzelwahrscheinlichkeit des Erfolgs mit p, so lautet die **Wahrscheinlichkeitsfunktion** für eine **binomialverteilte Zufallsvariable** X:

$$f(x \mid n; p) = \binom{n}{x} p^x (1-p)^{n-x} \quad \text{für } x = 0,1,\dots,n. \tag{9.11}$$

Mithilfe von (9.11) wollen wir nun die Wahrscheinlichkeiten für $x = 0$, $x = 1$, ... , $x = 5$ Jungen berechnen:

$$f(0 \mid 5; 0{,}514) = \binom{5}{0} \cdot 0{,}514^0 \cdot 0{,}486^5 \approx 0{,}027.$$

$$f(1 \mid 5; 0{,}514) = \binom{5}{1} \cdot 0{,}514^1 \cdot 0{,}486^4 \approx 0{,}143.$$

$$f(2 \mid 5; 0{,}514) = \binom{5}{2} \cdot 0{,}514^2 \cdot 0{,}486^3 \approx 0{,}303 \quad \text{(vgl. oben)}.$$

$$f(3 \mid 5; 0{,}514) = \binom{5}{3} \cdot 0{,}514^3 \cdot 0{,}486^2 \approx 0{,}321.$$

$$f(4 \mid 5; 0{,}514) = \binom{5}{4} \cdot 0{,}514^4 \cdot 0{,}486^1 \approx 0{,}170.$$

$$f(5 \mid 5; 0{,}514) = \binom{5}{5} \cdot 0{,}514^5 \cdot 0{,}486^0 \approx 0{,}036.$$

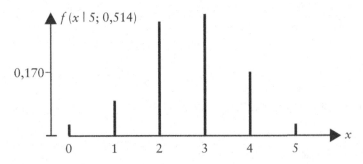

Abb. 9.11 Wahrscheinlichkeitsfunktion einer binomialverteilten Zufallsvariablen

Erwartungswert und **Varianz** einer binomialverteilten Zufallsvariablen X sind wie folgt zu ermitteln:

$$EX = np. \tag{9.12}$$

$$VX = np\,(1-p). \tag{9.13}$$

In unserem Beispiel ergeben sich ein Erwartungswert von 2,57 und eine Standardabweichung von ca. 1,12 Jungen.

9.5.2 Multinomialverteilung

Wir wollen nun annehmen, dass bei einmaliger Durchführung eines Zufallsexperiments nicht nur zwei (Erfolg, Misserfolg), sondern **mehrere Elementarereignisse** eintreffen können.

Die Wahrscheinlichkeit dafür, dass bei n unabhängigen Ausführungen eines Experiments ein Ereignis A_1 genau x_1-mal, ein Ereignis A_2 genau x_2-mal, ... , ein Ereignis A_k genau x_k-mal eintrifft, wenn bei einmaliger Durchführung des Experiments nur eines der Ereignisse $A_1, \dots, A_k$ eintrifft, und zwar mit der Wahrscheinlichkeit $p_1, p_2, \dots, p_k$, errechnet sich wie folgt:

$$f_{1,2,\dots,k}(x_1, x_2, \dots, x_k) = \frac{n!}{x_1!\,x_2! \dots x_k!} p_1^{x_1} p_2^{x_2} \dots p_k^{x_k}. \tag{9.14}$$

Man beachte, dass hier $x_1, x_2, \dots, x_k$ als Platzhalter für die Werte der Zufallsvariablen $X_1, X_2, \dots, X_k$ zu betrachten sind.

Bei nur zwei möglichen **Elementarereignissen** A_1 und A_2 gilt:

$$f_{1,2}(x_1, x_2) = \frac{n!}{x_1!\,x_2!} p_1^{x_1} p_2^{x_2}.$$

Da dann $x_2 = n - x_1$ und $p_2 = 1 - p_1$, ergibt sich

$$f_{1,2}(x_1, x_2) = \frac{n!}{x_1!\,(n-x_1)!} = p_1^{x_1}(1-p_1)^{n-x_1},$$

$$\text{wobei} \quad \frac{n!}{x_1!\,(n-x_1)!} = \binom{n}{x_1}; \quad \text{vgl. (7.2)}.$$

(9.11) ist somit lediglich ein Sonderfall von (9.14).

Beispiel: Ein Unternehmen stelle ein bestimmtes Massenprodukt her. Erfahrungsgemäß seien 50 % der Produktion von guter Qualität, 40 % von ausreichender Qualität und 10 % Ausschuss. Wie groß ist die Wahrscheinlichkeit, dass man bei einem Stichprobenumfang von vier Produkteinheiten (Ziehungen mit Zurücklegen) zwei mit guter, eine mit ausreichender Qualität und eine unbrauchbare erhält?

Lösung:

$$f_{1,2,3}(2,1,1) = \frac{4!}{2!\,1!\,1!}\,0,5^2 \cdot 0,4^1 \cdot 0,1^1 = 0,12.$$

9.5.3 Hypergeometrische Verteilung

Eine der Voraussetzungen für die Anwendung der Formeln (9.11) und (9.14) waren unabhängige Ausführungen der Experimente.

Bei Durchführung von Stichproben konnten wir die Unabhängigkeit dadurch herstellen, dass Ziehungen mit Zurücklegen erfolgen sollten. In der Praxis werden jedoch Stichprobenpläne ohne Zurücklegen die Regel sein. Die Verminderung der Anzahl der Elemente nach jeder Ziehung bewirkt dann die Abhängigkeit der Ereignisse (vgl. Kapitel 8.4.2.3).

Bei Ziehungen ohne Zurücklegen ist anstelle der Binomialverteilung die **hypergeometrische Verteilung** heranzuziehen.

Die Wahrscheinlichkeit dafür, x Erfolge bei n abhängigen Ausführungen von Experimenten, bei vorgegebener Anzahl der Elemente N der Grundgesamtheit und bei vorgegebener Einzelwahrscheinlichkeit des Erfolgs p zu erhalten, beträgt:

$$f(x \mid n; N; p) = \frac{\binom{Np}{x}\binom{N(1-p)}{n-x}}{\binom{N}{n}} \quad \text{für } x = 0,\, 1, ..., n. \qquad (9.15)$$

Formel (9.15) setzt voraus, dass $n < M$ und $n < N - M$, wobei M die Anzahl der Erfolge in der Grundgesamtheit angibt.

Eine Zufallsvariable mit dieser Wahrscheinlichkeitsfunktion heißt hypergeometrisch verteilt.

Beispiel: In einer Produktionsserie vom Umfang $N = 20$ seien $M = 10$ Produkteinheiten fehlerhaft. Wie groß ist die Wahrscheinlichkeit, in einer Zufallsstichprobe (Ziehungen ohne Zurücklegen) vom Umfang $n = 5$ zwei fehlerhafte Erzeugnisse zu finden?

Lösung: Da $p = \frac{M}{N}$, gilt auch:

$$f(x \mid n; N; M) = \frac{\binom{M}{x}\binom{N-M}{n-x}}{\binom{N}{n}} = \frac{\binom{10}{2}\binom{20-10}{5-2}}{\binom{20}{5}} = \frac{45 \cdot 120}{15504} \approx 0{,}348.$$

Erwartungswert und **Varianz** einer hypergeometrisch verteilten Zufallsvariablen X sind wie folgt zu ermitteln:

$$EX = np. \qquad (9.16)$$

$$VX = \frac{N-n}{N-1} np(1-p). \tag{9.17}$$

Ist N relativ zu n sehr groß, so nimmt der Ausdruck $\frac{N-n}{N-1}$ einen Wert an, der nahe bei 1 liegt.

Ist z. B. $N = 2000$ und $n = 100$, d. h. der Auswahlsatz $\frac{n}{N} = 0{,}05$, so erhalten wir für den Faktor $\frac{N-n}{N-1}$ einen Wert von ca. 0,95. Die Varianz der Zufallsvariablen X ist dann beim Ziehen ohne Zurücklegen (9.17) nur mehr unwesentlich kleiner als beim Ziehen mit Zurücklegen (9.13). Den „Korrekturfaktor" wollen wir nach einer gebräuchlichen Faustregel vernachlässigen, wenn $\frac{n}{N} \leq 0{,}05$ ist.

Die Approximation der hypergeometrischen Verteilung durch eine entsprechende Binomialverteilung wird dann als hinreichend gut angesehen.

9.5.4 Poissonverteilung

In vielen praktischen Fällen ist die Anzahl der Experimente groß, der Erfolg jedoch ein seltenes Ereignis.

Bei $n \geq 100$ und $p \leq 0{,}05$ kann die Binomialverteilung bereits sehr gut durch die Grenzverteilung angenähert werden, die sich ergibt, wenn n bei konstantem $\mu = EX = np$ gegen Unendlich strebt. Diese Grenzverteilung heißt **Poissonverteilung** und hat die **Wahrscheinlichkeitsfunktion**

$$f(x\,|\,\mu) = \frac{\mu^x}{x!} e^{-\mu} \text{ für } x = 0{,}1{,}2{,}\ \dots\ ;\ e = 2{,}718\dots \tag{9.18}$$

Ist die Voraussetzung für die Annäherung der hypergeometrischen Verteilung durch die Binomialverteilung gegeben, so lässt sich auch die hypergeometrische Verteilung gut durch die Poissonverteilung approximieren, sofern $n \geq 100$ und $p \leq 0{,}05$ sind.

Beispiel: Unter den Fahrgästen eines öffentlichen Nahverkehrsbetriebs seien 2 % Schwarzfahrer. Man berechne die Wahrscheinlichkeit, unter 100 zufällig ausgewählten Personen

1) zwei Schwarzfahrer
2) zwei oder mehr Schwarzfahrer zu ertappen?

Lösung zu 1):

$$\mu = np = 100 \cdot 0{,}02 = 2;$$

$$f(2\,|\,2) = \frac{2^2}{2!} \cdot \frac{1}{e^2} \approx 0{,}271.$$

Lösung zu 2):

$$W(X \geq 2) = 1 - W(x \leq 1) = 1 - F(1| 2);$$

$$F(1 \mid 2) = f(0 \mid 2) + f(1 \mid 2) \approx 0{,}135 + 0{,}271 = 0{,}406;$$

$$1 - F(1 \mid 2) = 1 - 0{,}406 = 0{,}594.$$

Löst man Aufgabe 1) mithilfe der Wahrscheinlichkeitsfunktion für eine binomialverteilte Zufallsvariable (vgl. (9.11)), so erhalten wir in etwa dasselbe Ergebnis:

$$f(2 \mid 100; 0{,}02) = \binom{100}{2} \left(\frac{2}{100}\right)^2 \left(\frac{98}{100}\right)^{98} \approx 0{,}273.$$

Im Tafelanhang (Tafeln 2 und 3) findet der Leser Werte der Wahrscheinlichkeitsfunktion einer binomial- bzw. poissonverteilten Zufallsvariablen X für gegebene x; n; p bzw. x; μ.

9.6 Spezielle stetige Verteilungen

9.6.1 Normalverteilung

9.6.1.1 Charakteristika der Normalverteilung

Der Normalverteilung kommt deswegen besondere empirische Bedeutung zu, da viele in der Praxis anzutreffenden Zufallsvariablen einer Verteilung gehorchen, deren Form zumindest näherungsweise einer Normalverteilung entspricht.

Der Grund hierfür ist, dass viele auftretende Zufallsvariable aus der Überlagerung unabhängiger zufälliger Einflüsse resultieren und solche Zufallsvariable (vgl. Kapitel 9.6.1.2) asymptotisch (bei immer größer werdender Stichprobe) normalverteilt sind.

Die Normalverteilung wird nach dem deutschen Mathematiker, Physiker und Astronomen Gauß auch **Gaußverteilung** oder Gauß'sche Glockenkurve genannt. Gauß

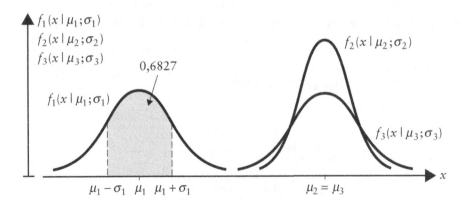

Abb. 9.12 Normaldichte

(1777–1855) stieß im Zusammenhang mit astronomischen Untersuchungen bei der Suche nach einem Verteilungsgesetz für zufällige Beobachtungsfehler auf die Glockenkurve.

Die Normalverteilung hat eine **symmetrische Dichtefunktion**, die sich asymptotisch der x-Achse nähert.

In Abb. 9.12 sind Dichtefunktionen für alternative Mittelwerte (Erwartungswerte) und Standardabweichungen dargestellt.

Eine stetige Zufallsvariable heißt normalverteilt mit den Parametern μ und σ, wenn ihre Dichtefunktion durch

$$f(x \mid \mu; \sigma) = \frac{1}{\sqrt{2\pi}\,\sigma} e^{-\frac{1}{2}\left(\frac{x-\mu}{\sigma}\right)^2} \tag{9.19}$$

gegeben ist.

Eine Änderung des **Lageparameters** μ bewirkt eine Parallelverschiebung entlang der x-Achse.

Die Dichtefunktion verläuft umso flacher, je größer der **Streuungsparameter** σ ist. Wendepunkte liegen an den Stellen

$$x = \mu + \sigma \text{ und } x = \mu - \sigma.$$

Die Wahrscheinlichkeit dafür, dass eine normalverteilte Zufallsvariable X einen Wert im Bereich $\mu \pm \sigma$ annimmt (vgl. Abb. 9.12), beträgt 0,6827. Die Wahrscheinlichkeit dafür, dass sie einen Wert im Bereich $\mu \pm 2\sigma$ ($\mu \pm 3\sigma$) annimmt, ist 0,9545 (0,9973).

Die Gesamtfläche zwischen der Dichtefunktion und der x-Achse ist gleich 1.

Die **Verteilungsfunktion** einer mit den Parametern μ und σ normalverteilten Zufallsvariablen X (kurz: die Verteilungsfunktion einer $N(\mu;\sigma)$-Verteilung) erhält man durch Integration der Dichtefunktion (vgl. Abb. 9.8):

$$F(x \mid \mu; \sigma) = \int_{-\infty}^{x} f(v \mid \mu; \sigma) dv \quad \text{(vgl. Kapitel 9.3).} \tag{9.20}$$

Eine mit Mittelwert $\mu = 0$ und $\sigma = 1$ normalverteilte Zufallsvariable bezeichnet man als **standardnormalverteilt.**

Jede spezifische Normalverteilung mit Mittelwert μ und Standardabweichung σ lässt sich einfach in die $N(0,1)$-Verteilung (Standardnormalverteilung) umformen: Ist x ein Wert der normalverteilten Zufallsvariablen X mit Mittelwert μ und der Standardabweichung σ, so ist z ein entsprechender Wert der standardnormalverteilten Zufallsvariablen Z (vgl. Abb. 9.13):

$$z = \frac{x - \mu}{\sigma} \tag{9.21}$$

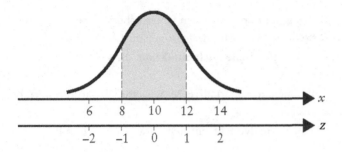

Abb. 9.13 Standardisierung

Im Tafelanhang (Tafel 4) ist die Verteilungsfunktion $F_{SN}(z)$ der standardnormalverteilten Zufallsvariablen Z tabelliert.

Beispiel: Die Lebensdauer eines PKWs bestimmten Typs sei normalverteilt mit Mittelwert $\mu = 10$ [Jahre] und Standardabweichung $\sigma = 2$ [Jahre]. Wie groß ist die Wahrscheinlichkeit, dass ein PKW dieses Typs

1) höchstens 13 Jahre,
2) mindestens 9 Jahre,
3) zwischen 8 und 12 Jahren,
4) zwischen 9 und 13 Jahren

alt wird?

Lösung zu 1):

$$z = \frac{13 - 10}{2} = 1{,}5.$$

$$W(X \le 13) = F(13 \mid 10;\ 2) = F_{SN}(1{,}5) = 0{,}9332.$$

Lösung zu 2):

$$z = \frac{9 - 10}{2} = -0{,}5.$$

$$W(X \ge 9) = 1 - W(X < 9) = 1 - F(9 \mid 10;\ 2) = 1 - F_{SN}(-0{,}5)$$
$$= 1 - 0{,}3085 = 0{,}6915.$$

Oder:

$$W(X \ge 9) = W(X \le 11) = F(11 \mid 10;\ 2) = F_{SN}(0{,}5) = 0{,}6915.$$

Lösung zu 3):

$$z_{x=12} = \frac{12 - 10}{2} = 1; z_{x=8} = \frac{8 - 10}{2} = -1.$$

$$W(8 < X \leq 12) = F(12 \mid 10; \ 2) - F(8 \mid 10; \ 2) = F_{SN}(1) - F_{SN}(-1)$$
$$= D(1) = 0{,}6827.$$

Lösung zu 4):

$$W(9 < X \leq 13) = F(13 \mid 10; \ 2) - F(9 \mid 10; \ 2) = F_{SN}(1{,}5) - F_{SN}(-0{,}5)$$
$$= 0{,}9332 - 0{,}3085 = 0{,}6247.$$

Die Werte der Verteilungsfunktion der Standardnormalverteilung sind der Tafel 4 im Anhang entnommen.

9.6.1.2 Zentraler Grenzwertsatz

Verschiedene Varianten des zentralen Grenzwertsatzes liefern die Erklärung dafür, dass sehr häufig näherungsweise normalverteilte Zufallsvariablen auftreten.

$X_1, X_2,..., X_n$ seien unabhängige Zufallsvariablen mit derselben Verteilung bzw. potenzielle unabhängige Realisierungen ein und derselben Zufallsvariablen mit dem Mittelwert μ und der Varianz $\sigma^2 \neq 0$.

Die Summe dieser Zufallsvariablen

$$U = X_1 + X_2 + \cdots + X_n$$

ist selbst wieder eine Zufallsvariable. Für U gilt dann der zentrale Grenzwertsatz, d. h. für große n ist U annähernd normalverteilt. Haben nicht alle Summanden die gleiche Verteilung, so kann die Summe von unabhängigen Zufallsvariablen ebenfalls gegen eine Normalverteilung konvergieren.

Wenn unter den gemachten Annahmen U annähernd normalverteilt ist, so gilt Entsprechendes auch für die Zufallsvariable

$$\bar{X} = \frac{X_1 + X_2 + \cdots + X_n}{n}.$$

Das heißt, das arithmetische Mittel $\bar{X}$ ist nicht nur dann normalverteilt, wenn $X_1, X_2, \ldots,$ X_n selbst normalverteilt sind, sondern bei großem n ($n > 50$) auch dann, wenn $X_1, X_2, \ldots,$ X_n keiner Normalverteilung gehorchen.

Man beachte, dass **nach der Ziehung** einer Stichprobe die x_i-Werte vorliegende Realisierungen einer Zufallsvariablen sind und $\bar{x}$ eine Konstante ist.

Vor der Ziehung ist jedoch der jeweilige spätere Beobachtungswert und somit auch das Stichprobenmittel $\bar{X}$ eine Zufallsvariable.

Eine Zufallsvariable, die selbst eine Funktion einer Stichprobe, also der Zufallsvariablen $X_1, X_2, \ldots, X_n$ ist, nennt man **Stichprobenfunktion**.

Wenn jede der voneinander unabhängigen Zufallsvariablen X_1, X_2, ..., X_n denselben Mittelwert μ und dieselbe Varianz σ^2 hat, gilt:

$$EU = n\mu \quad \text{und}$$

$$VU = n\sigma^2 \quad \text{und somit}$$

$$E\bar{X} = E\left(\frac{X_1 + X_2 + \cdots X_n}{n}\right) = \frac{1}{n}(EX_1 + EX_2 + \cdots + EX_n)$$

$$= \frac{n\mu}{n} = \mu \quad \text{und} \tag{9.22}$$

$$V\bar{X} = V\left(\frac{X_1 + X_2 + \cdots X_n}{n}\right) = \frac{1}{n^2}(VX_1 + VX_2 + \cdots + VX_n)$$

$$= \frac{1}{n^2}n\sigma^2 = \frac{\sigma^2}{n}. \tag{9.23}$$

(Man beachte beim Rechnen mit Varianzen: $V(a_0 + a_1 X) = a_1^2 VX$, wobei a_0 und a_1 Konstante sind).

Wenn die Zufallsvariable $\bar{X}$ normalverteilt ist mit Mittelwert μ und Standardabweichung $\frac{\sigma}{\sqrt{n}}$, so gilt (vgl. (9.21)), dass die Zufallsvariable $\frac{\bar{X}-\mu}{\frac{\sigma}{\sqrt{n}}}$ standardnormalverteilt ist.

Kann man nicht davon ausgehen, dass die Zufallsvariablen X_1, X_2, ..., X_n normalverteilt sind, so ist für $n > 50$ die Übereinstimmung der Verteilung von $\bar{X}$ bzw. der Verteilung von $\frac{\bar{X}-\mu}{\frac{\sigma}{\sqrt{n}}}$ mit der Normalverteilung bzw. Standardnormalverteilung bereits gut.

Für $V\bar{X}$, d.h. die Varianz der Zufallsvariablen (Stichprobenfunktion) $\bar{X}$, werden wir im Weiteren das Symbol $\sigma_{\bar{X}}^2$ verwenden.

$\sqrt{V\bar{X}} = \sigma_{\bar{X}}$ ist ein Maß für die Stichprobengüte. Ist $\sigma_{\bar{X}}$ gering, so können wir mit gutem Gewissen darauf vertrauen, dass eine Realisierung der Zufallsvariablen $\bar{X}$, also ein durch Stichprobenerhebung gewonnener Schätzwert $\bar{x}$, dem (unbekannten) Mittelwert μ in etwa entspricht. Aus

$$\sigma_{\bar{X}} = \frac{\sigma}{\sqrt{n}} \tag{9.23*}$$

ist ersichtlich (vgl. Abb. 9.14), dass die Standardabweichung der Zufallsvariablen $\bar{X}$ (mittlerer Schätzfehler des Mittels, Standardfehler des Mittels) geringer ist als die Standardabweichung der Zufallsvariablen X, von der man sich durch eine Zufallsstichprobe Realisierungen verschafft. Der Standardfehler des Mittels wird umso geringer sein, je größer der Stichprobenumfang n ist.

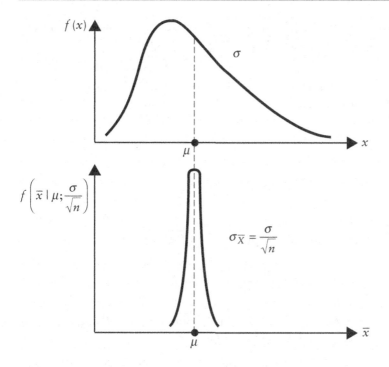

Abb. 9.14 Standardfehler des Mittels $(\sigma_{\overline{X}})$

9.6.1.3 Approximation der Binomial- und hypergeometrischen Verteilung durch die Normalverteilung

$X_1, X_2, \ldots, X_n$ seien unabhängige Zufallsvariablen, die jeweils nur die Werte 0 und 1 (bei Misserfolg und Erfolg) annehmen können.

Die Zufallsvariable

$$X = X_1 + X_2 + \cdots + X_n$$

gibt dann die Anzahl der Erfolge an und ist binomialverteilt mit Erwartungswert np und Varianz $np\,(1-p)$ (vgl. Kapitel 9.5.1).

Für große n kann die Binomialverteilung durch die Normalverteilung mit den Parametern $\mu = np$ und $\sigma = \sqrt{np(1-p)}$ angenähert werden.

Als **Approximationsbedingung** wird oft $np(1-p) > 9$ genannt.

Die Approximation der diskreten Binomialverteilung durch die stetige Normalverteilung wird durch Vornahme einer **Stetigkeitskorrektur** verbessert. Will man mithilfe der Normalapproximation die Wahrscheinlichkeit dafür berechnen, dass die diskrete Zufallsvariable X einen Wert von höchstens $x=a$ annimmt, also $W\,(X \leq a)$, so ist der Wert der Verteilungsfunktion an der Stelle $a + \frac{1}{2}$, also $W(X \leq a + \frac{1}{2})$, zu berechnen.

Die hypergeometrische Verteilung kann ebenfalls gut durch die Normalverteilung angenähert werden, wenn zusätzlich die Bedingung $\frac{n}{N} \leq 0{,}05$ erfüllt ist.

Beispiel: Bei der Produktion eines Massenartikels fällt erfahrungsgemäß 10 % Ausschuss an. Es wird eine Zufallsstichprobe vom Umfang $n = 900$ entnommen. Wie groß ist die Wahrscheinlichkeit, dass sich

1) mehr als 100
2) weniger als 70

schlechte Stücke in der Stichprobe befinden?

Lösung zu 1):

$$np = 900 \cdot 0{,}1 = 90; \sqrt{np(1 - p)} = \sqrt{90 \cdot 0{,}9} = 9.$$

$$z_{x=100,5} = \frac{100{,}5 - 90}{9} \approx 1{,}17.$$

$$W(X > 100) = 1 - W(X \leq 100) \approx 1 - F(100{,}5|90; 9) = 1 - F_{SN}(1{,}17)$$
$$= 1 - 0{,}8790 = 0{,}1210.$$

Lösung zu 2):

$$z_{x=69,5} = \frac{69{,}5 - 90}{9} \approx -2{,}28.$$

$$W(X < 70) = W(X \leq 69) \approx F(69{,}5|90; 9) = F_{SN}(-2{,}28) = 0{,}0113.$$

9.6.2 Sonstige stetige Verteilungen

Von sonstigen stetigen Verteilungen seien hier nur die Chi-Quadrat-(χ^2-)Verteilung und die Student-(t)-Verteilung erwähnt, die wir im Rahmen der hier noch abzuhandelnden Schätz- und Testverfahren benötigen werden.

9.6.2.1 Chi-Quadrat-(χ^2-)Verteilung

Gegeben seien ν unabhängige standardnormalverteilte Zufallsvariable

$$Z_1, Z_2, \dots, Z_\nu.$$

Die Summe der Quadrate dieser Zufallsvariablen, also

$$Z_1^2 + Z_2^2 + \dots + Z_\nu^2$$

ist eine Zufallsvariable, deren Verteilung man Chi-Quadrat-Verteilung mit ν Freiheitsgraden nennt.

In Abb. 9.15 sind Dichtefunktionen der Chi-Quadrat-Verteilung mit $v = 1$ und $v = 6$ Freiheitsgraden dargestellt. Für große v ($v \geq 100$) kann man eine mit v Freiheitsgraden chi-quadrat-verteilte Zufallsvariable als näherungsweise normalverteilt betrachten.

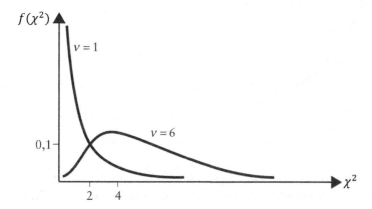

Abb. 9.15 Chi-Quadrat-Verteilung

Die Werte einer chi-quadrat-verteilten Zufallsvariablen werden mit χ^2 bezeichnet. Wir behalten diese etwas unglückliche, historisch bedingte Bezeichnung bei, zumal sich keine einheitlich andere Bezeichnung in der Literatur durchgesetzt hat. Im Anhang (Tafel 5) sind Werte einer chi-quadrat-verteilten Zufallsvariablen bei vorgegebenen Werten der Verteilungsfunktion und vorgegebenen Freiheitsgraden tabelliert.

9.6.2.2 Studentverteilung (t-Verteilung)

Gegeben seien eine standardnormalverteilte Zufallsvariable Z und eine mit v Freiheitsgraden chi-quadrat-verteilte Zufallsvariabe Y, wobei Z und Y unabhängig sind.

Definieren wir nun

$$T = \frac{Z}{\sqrt{\dfrac{Y}{v}}}$$

so erhalten wir eine neue Zufallsvariable T, die studentverteilt mit v Freiheitsgraden ist. Die Studentverteilung (t-Verteilung) wurde nach W. S. Gosset benannt, der unter dem Pseudonym Student veröffentlichte.

In Abb. 9.16 sind die Dichtefunktionen der Studentverteilung mit $v = 1$ Freiheitsgrad und der Standardnormalverteilung dargestellt. Der Graph der Dichtefunktion der Studentverteilung verläuft flacher. Im Anhang (Tafel 6) sind Werte einer studentverteilten Zufallsvariablen bei vorgegebenen Werten der Verteilungsfunktion und vorgegebenen Freiheitsgraden tabelliert.

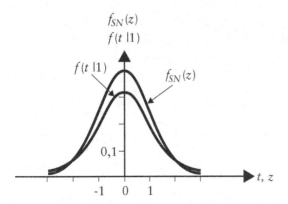

Abb. 9.16 Student- und Standardnormalverteilung

Für $v \to \infty$ konvergiert die Studentverteilung gegen die Standardnormalverteilung. Bei $v \geq 30$ sind beide Verteilungen kaum noch zu unterschieden, sodass dann die Studentverteilung durch die Standardnormalverteilung ersetzt werden kann.

Die Studentverteilung werden wir in den Fällen benötigen, in denen die Standardabweichung σ einer normalverteilten Zufallsvariablen, deren Erwartungswert geschätzt werden soll, nicht gegeben ist, sondern durch die **Stichprobenstandardabweichung** ersetzt werden muss (vgl. Kap. 10.3.1).

Die standardnormalverteilte Zufallsvariable (vgl. Kapitel 9.6.1.2) $\frac{\bar{X}-\mu}{\frac{\sigma}{\sqrt{n}}}$ enthält die in der Regel unbekannte Standardabweichung σ.

Dividieren wir nun diese standardnormalverteilte Zufallsvariable durch $\sqrt{\frac{Y}{v}}$, wobei $Y = \frac{(n-1)S^2}{\sigma^2}$ eine mit $v = n - 1$ Freiheitsgraden chi-quadrat-verteilte Zufallsvariable mit der Stichprobenfunktion

$$S^2 = \frac{1}{n-1}\sum_{i=1}^{n}(X_i - \bar{X})^2$$

ist, so ergibt sich die mit $v = n - 1$ Freiheitsgraden studentverteilte Zufallsvariable

$$\frac{\frac{\bar{X}-\mu}{\sigma}\sqrt{n}}{\sqrt{\frac{(n-1)S^2}{\sigma^2(n-1)}}} = \frac{\bar{X}-\mu}{\frac{S}{\sqrt{n}}},$$

die nicht von σ abhängig ist.

Schluss von der Stichprobe auf die Grundgesamtheit

10

Ist das Verteilungsgesetz einer Zufallsvariablen, speziell von Stichprobenfunktionen, bekannt, so kann man z. B. den unbekannten Erwartungswert durch eine Stichprobenerhebung abschätzen. Da in praxi Stichproben deswegen durchgeführt werden, um Informationen über die Grundgesamtheit zu erhalten, spricht man in der Schätztheorie zumeist von Schätzung von Parametern einer Grundgesamtheit. Wesentlich bei der Schätzung von charakteristischen Kennzahlen einer Grundgesamtheit ist die Repräsentanz des Stichprobenbefundes. Die Stichprobe soll ein Mikrobild der Grundgesamtheit sein.

10.1 Arten von Stichprobenerhebungen

10.1.1 Bewusste Auswahlverfahren

10.1.1.1 Quotenauswahlverfahren

Eine Quotenauswahl ist sinnvoll dann anwendbar, wenn der Befragungsgegenstand, z. B. das Wahlverhalten, im Zusammenhang mit bevölkerungsstatistischen Merkmalen, z. B. der Religionszugehörigkeit und dem Wahlalter, steht.

Das Grundprinzip der Quotenauswahl besteht darin, dass Häufigkeiten für die Stichprobenerhebung vorgeschrieben bzw. von der Grundgesamtheit en miniature auf die Stichprobe übertragen werden.

Kann man z. B. in einem ausgewählten Wahlbezirk mit $N = 2000$ Wahlberechtigten Häufigkeiten für die Ausprägungen der Merkmale Wahlalter und Religion ermitteln (vgl. Tabelle 10.1) und soll z. B. der Stichprobenumfang $n = 100$ betragen, so müssten 40 römisch-katholische Altwähler, vier römisch-katholische Jungwähler usw. befragt werden.

© Springer Fachmedien Wiesbaden GmbH, ein Teil von Springer Nature 2020
J. Puhani, *Statistik*, https://doi.org/10.1007/978-3-658-28955-3_11

Tabelle 10.1 Quotenauswahl

Religion	Wahlalter	
	Altwähler	Jungwähler
römisch-katholisch	800 (40 %)	80 (4 %)
evangelisch	940 (47 %)	120 (6 %)
sonst	40 (2 %)	20 (1 %)

Da bei dem in der Markt- und Meinungsforschung recht beliebten Quotenauswahlverfahren in der Regel den Interviewern keine Vorschriften über die Auswahl der einzelnen Elemente innerhalb der Quoten gegeben werden, ist eine **willkürliche Komponente** auch bei diesem bewussten Auswahlverfahren vorhanden.

10.1.1.2 Auswahl nach dem Konzentrationsprinzip

Das Grundprinzip dieses Verfahrens besteht darin, dass man nur solche Elemente aus der Grundgesamtheit in die Stichprobe aufnimmt, denen in Bezug auf den Untersuchungsgegenstand ein besonderes Gewicht zukommt (z. B. Unternehmen mit einer Mindestzahl von Beschäftigten).

Der Nachteil der nur kurz skizzierten bewussten Auswahlverfahren liegt darin, dass eine Abschätzung des Stichprobenfehlers nicht möglich, also **keine kontrollierte Schätzung** möglich ist.

Um den Stichprobenfehler abschätzen zu können, benötigt man die Wahrscheinlichkeitsrechnung. Die Wahrscheinlichkeitsrechnung beruht jedoch auf Zufallsvorgängen. Bei den bisher skizzierten Auswahlverfahren war aber die Auswahl der Elemente nicht zufällig in dem Sinne, dass jedes Element eine berechenbare, von Null verschiedene Wahrscheinlichkeit gehabt hätte.

10.1.2 Zufallsauswahl

Wir beschränken uns im Weiteren auf die Darstellung und Anwendung der so genannten **uneingeschränkten Zufallsauswahl**. Höhere Stichprobenverfahren, deren Prinzip darin besteht, dass man die Grundgesamtheit in Teilgesamtheiten zerlegt und dann – u. U. in mehreren aufeinander folgenden Stufen – Unterauswahlen vornimmt, werden hier nicht behandelt.

Von einer uneingeschränkten Zufallsauswahl (Zufallsstichprobe) spricht man dann, wenn jedes Element der Grundgesamtheit dieselbe Wahrscheinlichkeit hat, ausgewählt zu werden, d. h. wenn das Auswahlverfahren einem der folgenden Urnenmodelle entspricht.

10.1.2.1 Entnahmemodelle

Modell mit Zurücklegen

Gegeben sei eine Urne mit N unterscheidbaren, durchnummerierten Kugeln. Dieser Grundgesamtheit von N Elementen werde eine Stichprobe vom Umfang n derart entnommen, dass jedes gezogene Element nach der Ziehung wieder in die Urne zurückgelegt wird.

Die Wahrscheinlichkeit dafür, dass ein bestimmtes Element e_i ($1 \le i \le N$) als erstes Element in die Stichprobe gelangt, ist $\frac{1}{N}$.

Die Wahrscheinlichkeit dafür, dass dieses Element e_i z. B. als drittes Element in die Stichprobe gelangt, ist die gleiche, nämlich $\frac{1}{N}$.

Modell ohne Zurücklegen

Gegeben sei wieder die oben beschriebene Urne. Der Grundgesamtheit vom Umfang N werde nun eine Stichprobe vom Umfang n in der Weise entnommen, dass die jeweils gezogene Kugel nicht mehr in die Urne zurückgelegt wird.

Die Wahrscheinlichkeit dafür, dass ein bestimmtes Element e_i als erstes Element in die Stichprobe gelangt, ist wiederum $\frac{1}{N}$.

Die Wahrscheinlichkeit dafür, dass das Element e_i z. B. als drittes Element in die Stichprobe gelangt, berechnet man nach dem allgemeinen Multiplikationssatz der Wahrscheinlichkeitsrechnung (vgl. (8.9)) wie folgt:

$$\frac{N-1}{N} \cdot \frac{N-2}{N-1} \cdot \frac{1}{N-2} = \frac{1}{N}.$$

$\frac{N-1}{N}$ ist die Wahrscheinlichkeit dafür, dass e_i beim ersten Zug nicht ausgewählt wird. $\frac{N-2}{N-1}$ ist die Wahrscheinlichkeit dafür, dass e_i beim zweiten Zug nicht ausgewählt wird, unter der Annahme, dass e_i beim ersten Zug nicht ausgewählt worden ist. $\frac{1}{N-2}$ ist die Wahrscheinlichkeit, dass e_i beim dritten Zug ausgewählt wird, unter der Annahme, dass nicht bereits zuvor e_i gezogen worden ist.

Wir stellen fest, dass beim Entnahmemodell mit und beim Entnahmemodell ohne Zurücklegen die Wahrscheinlichkeit dafür, dass ein bestimmtes Element der Grundgesamtheit eine bestimmte Stelle innerhalb der Stichprobe einnimmt, die gleiche ist und $\frac{1}{N}$ beträgt.

Die praktische Gewinnung von uneingeschränkten Zufallsstichproben muss dann so erfolgen, dass das Auswahlverfahren einem dieser beiden Urnenmodelle entspricht.

10.1.2.2 Technische Gewinnung uneingeschränkter Zufallsstichproben

Originalverfahren mithilfe einer Zufallszahlentafel

Eine Zufallszahlentafel ist nichts anderes als eine Urne auf Vorrat. Die Systematik der Zahlen dieser Tafel besteht darin, dass es keine Systematik im Sinne gegenseitiger Abhängigkeit gibt (vgl. Anhang, Tafel 1).

Durch eine Folge unabhängiger Ausspielungen eines Zehnflächners mit den Zahlen 0 bis 9 könnte man z. B. selbst eine derartige Zufallszahlentafel anfertigen.

Zur Erläuterung der praktischen Anwendung der Zufallszahlentafel betrachten wir eine Grundgesamtheit vom Umfang $N = 1000$, aus der eine Stichprobe vom Umfang $n = 10$ gezogen werden soll.

Der erste Arbeitsschritt besteht darin, die Elemente der Grundgesamtheit – zweckmäßigerweise bei 0 beginnend – durchzunummerieren. Im zweiten Schritt wird in diesem Beispiel eine Folge von zehn dreistelligen Zahlen aus der Zufallszahlentafel ausgewählt: z. B. 386, 994 usw. Die entsprechend nummerierten Elemente der Grundgesamtheit kommen in die Auswahl.

Eine dreistellige Ziffernfolge ist hier deswegen zu wählen, damit jedes der Elemente mit den Nummern 000 bis 999 dieselbe Chance hat, ausgewählt zu werden. Würde man nur eine zweistellige Ziffernfolge wählen, so hätten alle Elemente der Grundgesamtheit mit den Nummern 100 bis 999 keine Chance, in die Stichprobe zu gelangen.

Die Zufallsziffern können in beliebiger Reihenfolge ausgewählt werden. Man kann mithilfe dieses technischen Verfahrens sowohl einen Stichprobenplan mit als auch ohne Zurücklegen realisieren. In ersterem Fall wären sich wiederholende Nummern in der Stichprobe auch mehrfach zu berücksichtigen, in letzterem Fall wäre eine bereits aufgetretene Nummer einfach unberücksichtigt zu lassen.

Hätte der Umfang unserer Grundgesamtheit nicht $N = 1000$, sondern z. B. $N = 500$ betragen, so müssten wir alle dreistelligen Zahlen, die größer als 499 sind, streichen und stattdessen kleinere dreistellige Zahlen auswählen.

Schlussziffernverfahren

Es sei angenommen, dass der Umfang der Grundgesamtheit wiederum $N = 1000$, der Stichprobenumfang n diesmal jedoch 120 betrage. Nach der Durchnummerierung der Elemente von 000 bis 999 könnten wir als Ersatz für das Originalverfahren folgende Vorgehensweise wählen:

Wir berechnen zunächst den Auswahlsatz $\frac{n}{N}$, der hier 0,12, d. h. 12 % beträgt. Eine 12 %-Stichprobe kann man sich zusammengesetzt vorstellen aus einer 10 %-Stichprobe und zwei 1 %-Stichproben.

Eine 10 %-Stichprobe erhalten wir dadurch, dass wir aus jeder Zehnergruppe der durchnummerierten Elemente der Grundgesamtheit ein Element ziehen. Wählen wir mithilfe der Zufallszahlentafel aus der ersten Zehnergruppe z. B. die Nummer 4 aus und behalten diese Schlussziffer für die folgenden Zehnergruppen bei, so erhalten wir die Ziffernfolge

4, 14, 24, ..., 994.

Um noch zwei 1 %-Stichproben zu erhalten, wählt man zufällig aus der ersten Hundertgruppe zwei verschiedene zweistellige Zahlen aus; sind diese z. B. die Nummern 18 und 71, so erhält man die Ziffernfolgen

18, 118, 218, ..., 918 und

71, 171, 271, ..., 971.

Die Ziffernfolgen der beiden 1 %-Stichproben dürfen nicht dieselbe Schlussziffer wie die Folge der 10 %-Stichprobe haben.

Daraus folgt, dass das Schlussziffernverfahren nur uneingeschränkte Zufallsstichproben für das Modell ohne Zurücklegen zu liefern vermag.

Voraussetzung für eine bedenkenlose Anwendung des Schlussziffernverfahrens ist, dass die Nummerierung der Elemente mit den Merkmalsausprägungen nicht korreliert ist. Dies wäre z. B. der Fall, wenn jeder Zehnte in einer Personaldatei Büroleiter wäre.

Buchstaben- und Geburtstagsverfahren

Beide Verfahren haben den Vorteil, dass man auf die Nummerierung verzichten kann; sie sind allerdings nur dann anwendbar, wenn die zu untersuchende Grundgesamtheit aus Personen besteht.

Liegt eine alphabetisch geordnete Adressenliste vor, so können z. B. alle diejenigen Personen ausgewählt werden, deren Familienname mit einem bestimmten Buchstaben oder einer bestimmten Buchstabenfolge beginnt. Dieses Verfahren ist dann unbedenklich, wenn zwischen den Anfangsbuchstaben und den Merkmalsausprägungen kein Zusammenhang besteht. Ist z. B. der gewählte Anfangsbuchstabe bei einer bestimmten Volksgruppe überproportional vertreten, kann dadurch die Repräsentanz der Stichprobe infrage gestellt sein.

Liegt ein Personenverzeichnis mit Geburtstagen vor, so können z. B. alle diejenigen Personen in die Auswahl miteinbezogen werden, deren Geburtstag am 20.08. liegt. Wer natürlich den Sternen einen Einfluss auf die zu untersuchenden Merkmale einräumt oder wer glaubt, dass ein im Frühling geborener Mensch ein sonniger, ein im Herbst geborener Mensch dagegen ein melancholischer Typ zu sein pflegt, sollte tunlichst das Geburtstagsverfahren meiden oder Personen in die Auswahl einbeziehen, die z. B. am 20. irgendeines Monats irgendeines Jahres geboren sind.

10.2 Punktschätzung von Parametern einer Grundgesamtheit

Je nachdem, ob man aufgrund eines Stichprobenbefunds einen bestimmten Schätzwert für einen unbekannten Parameter der Grundgesamtheit ermittelt oder ein Intervall sucht, in dem man den unbekannten Parameter einfängt, spricht man von Punkt- bzw. Intervallschätzung.

Zur Berechnung eines bestimmten Schätzwertes kann man sich unterschiedlicher Konstruktionsmethoden bedienen. Welchen Schätzwert von mehreren möglichen man tatsächlich heranzieht, wird davon abhängen, welche Eigenschaften die Schätzfunktion (Stichprobenfunktion, die zur Schätzung verwendet wird) haben soll.

Die Stichprobenfunktion $\bar{X}$ ist z. B. eine Schätzfunktion für den unbekannten Parameter μ. Einen vorliegenden Wert der Schätzfunktion, also z. B. den beobachteten Wert $\bar{x}$, bezeichnen wir als Schätzwert.

10.2.1 Wünschenswerte Eigenschaften von Schätzfunktionen

In der Regel wird ein Schätzwert vom Parameter der Grundgesamtheit abweichen. Von einer guten Schätzfunktion wird man aber erwarten dürfen, dass sie wenigstens im Mittel den Parameter trifft.

Man sagt dann, die Schätzfunktion sei **erwartungstreu** oder **unverzerrt**. Die Schätzfunktion $\bar{X}$ ist z. B. erwartungstreu für den Parameter μ der Grundgesamtheit, da gilt:

$$E\bar{X} = \mu.$$

Die Schätzfunktion

$$S_*^2 = \frac{1}{n}\sum_{i=1}^{n}(X_i - \bar{X})^2$$

ist z. B. nicht erwartungstreu für den Parameter σ^2.

Beispiel: Eine Grundgesamtheit vom Umfang $N = 4$ habe Elemente mit den Merkmalsausprägungen a_i: 1; 2; 5; 8. Dieser Grundgesamtheit entnimmt man eine Zufallsstichprobe vom Umfang $n = 2$.

a) Man zeige für dieses Beispiel, dass bei einem Stichprobenplan mit Zurücklegen

$$\bar{X} = \frac{1}{n}\sum_{i=1}^{n}X_i$$

eine erwartungstreue Schätzfunktion für

$$\mu = \frac{1}{N}\sum_{i=1}^{N} a_i \text{ sowie}$$

$$S^2 = \frac{1}{n-1}\sum_{i=1}^{n}(X_i - \bar{X})^2$$

eine erwartungstreue Schätzfunktion für

$$\sigma^2 = \frac{1}{N}\sum_{i=1}^{N}(a_i - \mu)^2 \text{ ist.}$$

b) Man zeige für dieses Beispiel, dass bei einem Stichprobenplan ohne Zurücklegen

$$\bar{X} = \frac{1}{n}\sum_{i=1}^{n} X_i$$

eine erwartungstreue Schätzfunktion für

$$\mu = \frac{1}{N}\sum_{i=1}^{N} a_i \text{ sowie}$$

$$\frac{N-1}{N}S^2 = \frac{N-1}{N}\frac{1}{n-1}\sum_{i=1}^{n}(X_i - \bar{X})^2$$

eine erwartungstreue Schätzfunktion für

$$\sigma^2 = \frac{1}{N}\sum_{i=1}^{N}(a_i - \mu)^2 \text{ ist.}$$

c) Man zeige für dieses Beispiel, dass im Falle eines Stichprobenplans mit Zurücklegen $\sigma_{\bar{X}}^2 = \frac{\sigma^2}{n}$ (vgl. (9.23)) sowie im Falle eines Stichprobenplans ohne Zurücklegen

$$\sigma_{\bar{X}}^2 = \frac{\sigma^2}{n}\frac{N-n}{N-1} \text{ ist.} \tag{10.1}$$

Lösung zu a)

Tabelle 10.2   Erwartungstreue Schätzfunktionen

Mögliche Stichproben mit Zurücklegen (mit Berücksichtigung der Reihenfolge)	Werte der Schätzfunktion $\overline{X}$ (Mögliche Stichprobenmittel $\bar{x}_j$)	Werte der Schätzfunktion S^2 (Mögliche Stichprobenvarianzen s_j^2)
1; 1	1,0	0
1; 2	1,5	0,5
1; 5	3,0	8,0
1;8	4,5	24,5
2; 1	1,5	0,5
2; 2	2,0	0
2; 5	3,5	4,5
2; 8	5,0	18,0
5; 1	3,0	8,0
5; 2	3,5	4,5
5; 5	5,0	0
5; 8	6,5	4,5
8; 1	4,5	24,5
8; 2	5,0	18,0
8; 5	6,5	4,5
8; 8	8,0	0
Anzahl der möglichen Stichproben: $N^n = 16$	$\sum_{j=1}^{16} \bar{x}_j = 64$	$\sum_{j=1}^{16} s_j^2 = 120$

$$E\overline{X} = \frac{1}{16} \sum_{j=1}^{16} \bar{x}_j = 4.$$

$$\mu = \frac{1}{4} \sum_{i=1}^{4} a_i = 4.$$

$$E\overline{X} = \mu.$$

$$ES^2 = \frac{1}{16}\sum_{j=1}^{16} s_j^2 = \frac{1}{16}\sum_{j=1}^{16}\frac{1}{2-1}\sum_{i=1}^{2}(x_{ij} - \bar{x}_j)^2 = \frac{1}{16}\cdot 120 = 7{,}5.$$

$$\sigma^2 = \frac{1}{4}\sum_{i=1}^{4}(a_i - 4)^2 = 7{,}5.$$

$$ES^2 = \sigma^2.$$

Lösung zu b):

Tabelle 10.3 Erwartungstreue Schätzfunktionen

Mögliche Stichproben ohne Zurücklegen (mit Berücksichtigung der Reihenfolge)	Werte der Schätzfunktion $\bar{X}$ (Mögliche Stichprobenmittel $\bar{x}_j$)	Werte der Schätzfunktion S^2 (Mögliche Stichprobenvarianzen s_j^2)
1; 2	1,5	0,5
1; 5	3,0	8,0
1; 8	4,5	24,5
2; 1	1,5	0,5
2; 5	3,5	4,5
2; 8	5,0	18,0
5; 1	3,0	8,0
5; 2	3,5	4,5
5; 8	6,5	4,5
8; 1	4,5	24,5
8; 2	5,0	18,0
8; 5	6,5	4,5
Anzahl der möglichen Stichproben: $\frac{N!}{(N-n)!} = 12$	$\sum_{j=1}^{12}\bar{x}_j = 48$	$\sum_{j=1}^{12}s_j^2 = 120$

$$E\bar{X} = \frac{1}{12}\sum_{j=1}^{12}\bar{x}_j = 4 = \mu.$$

$$E\frac{N-1}{N}S^2 = \frac{N-1}{N}ES^2 = \frac{3}{4}\cdot\frac{1}{12}\sum_{j=1}^{12}s_j^2 = 7{,}5 = \sigma^2.$$

Lösung zu c):

Stichprobenplan mit Zurücklegen:

$$\sigma_{\bar{X}}^2 = \frac{1}{16} \sum_{j=1}^{16} (\bar{x}_j - 4)^2 = 3{,}75.$$

$$\frac{\sigma^2}{n} = \frac{7{,}5}{2} = 3{,}75 = \sigma_{\bar{X}}^2.$$

Stichprobenplan ohne Zurücklegen:

$$\sigma_{\bar{X}}^2 = \frac{1}{12} \sum_{j=1}^{12} (\bar{x}_j - 4)^2 = 2{,}50.$$

$$\frac{\sigma^2}{n} \frac{N-n}{N-1} = \frac{7{,}5}{2} \cdot \frac{2}{3} = 2{,}50 = \sigma_{\bar{X}}^2.$$

Neben der Erwartungstreue gibt es eine Reihe weiterer wünschenswerter Eigenschaften. An eine brauchbare Schätzfunktion ist auch der Anspruch zu stellen, dass die Schätzungen mit wachsendem Stichprobenumfang besser werden. Eine Schätzfunktion, für die das zutrifft, nennt man **konsistent**.

Das Stichprobenmittel

$$\bar{X} = \frac{1}{n} \sum_{i=1}^{n} X_i$$

ist z. B. eine konsistente Schätzfunktion, da für ein beliebig klein vorgegebenes $\varepsilon > 0$ gilt:

$$\lim_{n \to \infty} W(|\bar{X}_n - \mu| \leq \varepsilon) = 1.$$

Die Folge der Wahrscheinlichkeiten, ein Stichprobenmittel zu erhalten, das dem unbekannten Mittelwert der Grundgesamtheit μ beliebig nahe kommt, konvergiert gegen 1, wenn der Stichprobenumfang $n \to \infty$ geht.

Diesen Sachverhalt bezeichnet man auch als **schwaches Gesetz der großen Zahl**.

Bei Stichproben ohne Zurücklegen aus einer endlichen Grundgesamtheit ist die Konsistenz als wünschenswerte Eigenschaft nicht sinnvoll, da n nicht größer als N werden kann.

Gibt es mehrere erwartungstreue Schätzfunktionen für einen bestimmten Parameter, wird man diejenige auswählen, die im Vergleich zu anderen Schätzfunktionen die kleinste Varianz hat. Eine derartige Schätzfunkion nennt man **effizient** (wirksamst).

$\bar{X}$ ist eine effiziente Schätzfunktion für den Parameter μ einer Normalverteilung. Die Varianz des Stichprobenmittels $\sigma_{\bar{X}}^2 = \frac{\sigma^2}{n}$ ist kleiner als die Varianz irgendeiner anderen infrage kommenden Schätzfunktion, z. B. auch kleiner als die Varianz des Zentralwerts (Medians). Es gibt keine erwartungstreue Schätzfunktion, deren Werte dichter um den wirklichen Mittelwert μ gehäuft sind als beim Stichprobenmittel $\bar{X}$.

10.2.2 Methoden der Punktschätzung

10.2.2.1 Methode der Momente

Die Methode der Momente besteht darin, dass man die Momente der Grundgesamtheit (z. B. Mittelwert, Varianz) durch die jeweiligen Stichprobenmomente (Stichprobenmittel, Stichprobenvarianz) ersetzt. Die Methode der Momente liefert für die Parameter μ und σ^2 einer Normalverteilung die Schätzfunktionen

$$\bar{X} = \frac{1}{n}\sum_{i=1}^{n} X_i \text{ bzw. } S_*^2 = \frac{1}{n}\sum_{i=1}^{n} (X_i - \bar{X})^2.$$

Während $\bar{X}$ eine erwartungstreue, konsistente und auch wirksamste Schätzfunktion für μ ist, erhält man mit S_*^2 keine erwartungstreue, jedoch konsistente Schätzfunktion für σ^2.

10.2.2.2 Maximum-Likelihood-Methode

Das Prinzip der Maximum-Likelihood-Methode besteht darin, dass man unter allen möglichen Schätzwerten für einen Parameter denjenigen auswählt, für den der vorliegende Stichprobenbefund am wahrscheinlichsten ist.

Die Vorgehensweise bei der Maximum-Likelihood-Methode soll am folgenden Beispiel gezeigt werden:

Der Fischbestand eines kleinen, stehenden Gewässers soll geschätzt werden. Zu diesem Zweck wurden zehn Fische gefangen, gekennzeichnet und wieder ausgesetzt. Etwas später wurden erneut zehn Fische gefangen und einige Zeit in einem Behälter aufbewahrt (uneingeschränkte Zufallsstichprobe ohne Zurücklegen). Es waren drei markierte Fische darunter.

Lösung: Die Anzahl der markierten Fische in der Stichprobe ist eine Zufallsvariable, die hier hypergeometrisch mit den Parametern $n = 10$; N; $M = 10$ verteilt ist. Nachfolgend ist für alternative N jeweils die Wahrscheinlichkeit für $x = 3$ markierte Fische bei einem Stichprobenumfang von $n = 10$ und einer Gesamtzahl markierter Fische von $M = 10$ angegeben. Für andere N (Gesamtzahl der Fische im Gewässer) ergeben sich geringere Wahrscheinlichkeiten:

Tabelle 10.4 Maximum-Likelihood-Methode

N	...	30	31	32	33	34	35	...
$f(3 \mid 10; N; 10)$	...	0,30962	0,31461	0,31723	0,31783	0,31673	0,31422	...

Bei drei markierten Fischen in der Stichprobe schätzt man die Gesamtzahl der Fische auf $\hat{N} = 33$, da hierfür $f(3 \mid 10; N; 10)$ den größten Wert annimmt. Die Maximum-Likelihood-Methode liefert für die Parameter μ und σ^2 einer Normalverteilung mit

$$\hat{\mu} = \frac{1}{n}\sum_{i=1}^{n} X_i = \bar{X} \text{ und } \hat{\sigma}^2 = \frac{1}{n}\sum_{i=1}^{n}(X_i - \bar{X})^2 = S_*^2$$

dieselben Schätzfunktionen wie die Methode der Momente.

Für den Parameter p einer Binomialverteilung erhält man die Schätzfunktion $\hat{P} = \frac{X}{n}$, wobei die Zufallsvariable X die Anzahl der Erfolge bei einem Stichprobenumfang von n angibt (vgl . Kapitel 9.6.1.3).

Die Schätzfunktion $\hat{P} = \frac{X}{n}$ ist bei einem Stichprobenplan mit und ohne Zurücklegen erwartungstreu, da

$$E\hat{P} = E\frac{X}{n} = \frac{1}{n}EX = \frac{1}{n}np = p \quad \text{(vgl. (9.12) und (9.16)).} \tag{10.2}$$

Beispiel: Zur Veranschaulichung wollen wir annehmen, dass sich in einem Teich drei Fische befänden, und zwar zwei der Art A und einer der Art B. Unsere Grundgesamtheit besteht also nur aus den drei Elementen e_1, e_2, e_3, wobei e_3 den Fisch der Art B repräsentieren soll. Man zeige für den Fall einer Stichprobe mit Zurücklegen, dass der Stichprobenanteil eine erwartungstreue Schätzfunktion für den Anteil in der Grundgesamtheit ist.

Lösung: Bei einem Stichprobenumfang von $n = 2$ (uneingeschränkte Zufallsstichproben mit Zurücklegen) sind die in Tabelle 10.5 aufgeführten Stichproben und Werte der Schätzfunktion $\hat{P} = \frac{X}{n}$ möglich, wobei X die Anzahl der Fische der Art A angibt.

$$E\hat{P} = \frac{1}{9}\sum_{j-1}^{9} \hat{p}_j = \frac{6}{9} = p$$

Im Falle einer Stichprobe aus einer unendlichen Grundgesamtheit oder einer Stichprobe mit Zurücklegen (aus einer endlichen Grundgesamtheit) ergibt sich für die **Varianz** der Schätzfunktion $\hat{P}$:

$$\sigma_{\hat{p}}^2 = V\hat{P} = V\frac{X}{n} = \frac{1}{n^2}np(1-p) = \frac{p(1-p)}{n} \quad \text{(vgl. (9.13) und (9.23)).} \tag{10.3}$$

(10.3*) wird als mittlerer Schätzfehler oder Standardfehler des Stichprobenanteils bezeichnet:

$$\sigma_{\hat{p}} = \sqrt{\frac{p(1-p)}{n}}. \tag{10.3*}$$

Tabelle 10.5 Erwartungstreue Schätzfunktion

Mögliche Stichproben mit Zurücklegen (mit Berücksichtigung der Reihenfolge)	Werte der Schätzfunktion $\hat{P} = \frac{X}{n}$ (Mögliche Stichprobenanteile $\hat{p}_j = \frac{x_j}{n}$)
e_1, e_1	$\frac{2}{2}$
e_1, e_2	$\frac{2}{2}$
e_1, e_3	$\frac{1}{2}$
e_2, e_1	$\frac{2}{2}$
e_2, e_2	$\frac{2}{2}$
e_2, e_3	$\frac{1}{2}$
e_3, e_1	$\frac{1}{2}$
e_3, e_2	$\frac{1}{2}$
e_3, e_3	0
Anzahl der möglichen Stichproben: $N^n = 9$	$\sum_{j=1}^{9} \hat{p}_j = 6$

Im Falle einer Stichprobe ohne Zurücklegen (aus einer endlichen Grundgesamtheit) gilt:

$$\sigma_{\hat{p}}^2 = V\hat{P} = \frac{p(1-p)}{n}\frac{N-n}{N-1} \text{ (vgl. (9.17)).} \tag{10.4}$$

10.3 Intervallschätzung von Parametern einer Grundgesamtheit

Aus vorangegangenen Betrachtungen wissen wir, dass das Stichprobenmittel $\bar{X}$ nicht nur im Falle einer Stichprobe aus einer normalverteilten Grundgesamtheit, sondern – sofern der Stichprobenumfang hinreichend groß ist (Faustregel: $n > 50$) – auch im Falle einer Stichprobe aus einer nichtnormalverteilten Grundgesamtheit einer Normalverteilung mit den Parametern μ und $\sigma_{\bar{X}}$ gehorcht.

Bei Stichprobenplänen ohne Zurücklegen ist die Voraussetzung der Unabhängigkeit der Zufallsvariablen X_i nicht erfüllt. Man kann jedoch trotzdem davon ausgehen, dass der zentrale Grenzwertsatz wirksam wird und somit das Stichprobenmittel approximativ normalverteilt ist, sofern n hinreichend groß und der Umfang der Grundgesamtheit N reativ zu n groß ist.

Der Stichprobenanteil

$$\hat{P} = \frac{X}{n} = \frac{X_1 + X_2 + \cdots + X_n}{n},$$

der ja ebenfalls ein Stichprobenmittel aus Zufallsvariablen mit einer Null-Eins-Verteilung darstellt (vgl. Kapitel 9.6.1.3), ist nach dem zentralen Grenzwertsatz bei hinreichend großem Stichprobenumfang (Faustregel: $n\,p\,(1-p) > 9$) ebenfalls annähernd normalverteilt mit den Parametern p und $\sigma_{\hat{p}}$.

Von den vielen denkbaren Realisierungen der Zufallsvariablen $\bar{X}$ bzw. $\hat{P}$ erhält man durch eine Zufallsstichprobe nur **einen** Schätzwert. Es ist nicht auszuschließen, dass trotz der Verwendung erwartungstreuer, konsistenter und effizienter Schätzfunktionen der sich aus der Stichprobe ergebende Schätzwert vom unbekannten Parameter der Grundgesamtheit spürbar abweicht.

Wir wollen daher, ausgehend von unserem jeweiligen Punktschätzwert einen Bereich angeben, in dem wir den unbekannten Parameter der Grundgesamtheit mit einer bestimmten vorgegebenen Wahrscheinlichkeit einfangen. Diesen Bereich nennt man Vertrauensbereich oder Konfidenzintervall. Ergibt sich bei vorgegebener Wahrscheinlichkeit (vorgegebenem Sicherheitsgrad) ein sehr breiter Bereich, so ist die Schätzung natürlich nur von geringem praktischen Wert. In vielen Fällen wird man deswegen auch eine Fehlerschranke vorgeben, die nicht überschritten werden soll. Man muss dann den notwendigen Stichprobenumfang berechnen, der sowohl der vorgegebenen Genauigkeit als auch dem vorgegebenen Sicherheitsgrad genügt. In der Praxis ist dies insbesondere auch eine Kostenfrage, da eine Verdoppelung der Güte der Schätzung eine Vervierfachung des Stichprobenumfangs erfordert (vgl. (9.23*) und (10.3*)).

10.3.1 Vertrauensbereiche für den Mittelwert

Ist also das Stichprobenmittel $\bar{X}$ normalverteilt mit den Parametern μ und $\sigma_{\bar{X}}$ so können wir mithilfe der Tabelle der Standardnormalverteilung die Wahrscheinlichkeit dafür angeben, dass die **standardisierte Zufallsvariable** $\frac{\bar{X}-\mu}{\sigma_{\bar{X}}}$ einen Wert im Intervall $[-z_c; +z_c]$ annimmt:

$$W\left(-z_c \leq \frac{\bar{X}-\mu}{\sigma_{\bar{X}}} \leq +z_c\right) = 1 - \alpha \quad \text{(vgl. Abb. 10.1).} \tag{10.5}$$

Die Wahrscheinlichkeit dafür, dass das **Stichprobenmittel** $\bar{X}$ einen Wert in dem zu μ symmetrischen Intervall $[\mu - z_c\sigma_{\bar{X}};\ \mu + z_c\sigma_{\bar{X}}]$ annimmt, erhalten wir durch Umformung des Klammerausdrucks von (10.5):

$$W(\mu - z_c\sigma_{\bar{X}} \leq \bar{X} \leq \mu + z_c\sigma_{\bar{X}}) = 1 - \alpha \quad \text{(vgl. Abb. 10.1).} \tag{10.6}$$

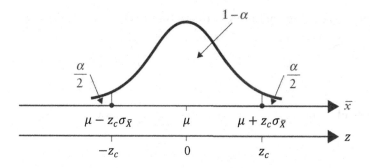

Abb. 10.1 Schwankungsintervall für das Stichprobenmittel

Unser Interesse gilt nun allerdings nicht einem Schwankungsintervall für $\bar{X}$. Wir suchen vielmehr einen Vertrauensbereich für den **unbekannten Mittelwert μ**.

Diesen erhalten wir dadurch, dass wir den Klammerausdruck von (10.6) schrittweise umformen:

$$W(-z_c\sigma_{\bar{X}} \leq \bar{X} - \mu \leq z_c\sigma_{\bar{X}}) = 1 - \alpha.$$

Multiplizieren wir die Ungleichung mit –1, wobei sich die Richtung der Ungleichheitszeichen ändert, ergibt sich

$$W(z_c\sigma_{\bar{X}} \geq -\bar{X} + \mu \geq -z_c\sigma_{\bar{X}}) = 1 - \alpha \quad \text{und}$$

$$W(\bar{X} + z_c\sigma_{\bar{X}} \geq \mu \geq \bar{X} - z_c\sigma_{\bar{X}}) = 1 - \alpha \quad \text{bzw.}$$

$$W(\bar{X} - z_c\sigma_{\bar{X}} \leq \mu \leq \bar{X} + z_c\sigma_{\bar{X}}) = 1 - \alpha. \tag{10.7}$$

Das Intervall $[\bar{X} - z_c\sigma_{\bar{X}}; \bar{X} + z_c\sigma_{\bar{X}}]$ ist der gesuchte Vertrauensbereich für den unbekannten Mittelwert μ in der Grundgesamtheit. Die Wahrscheinlichkeit $(1 - a)$ nennt man **Sicherheitsgrad** oder **Konfidenzzahl**.

Zur praktischen Berechnung von Vertrauensbereichen wird der Sicherheitsgrad $(1 - \alpha)$ vorgegeben. Mithilfe der Tabelle der Standardnormalverteilung suchen wir dann den dazugehörigen z-Wert. Diesen nennen wir kurz z_c; in der Literatur wird häufig für z_c bzw. $-z_c$ das Symbol $z_{1-\frac{\alpha}{2}}$ bzw. $-z_{1-\frac{\alpha}{2}}$ verwendet (vgl. Abb. 10.1).

Will man z. B. einen 95 %igen (99 %igen) Vertrauensbereich berechnen, so erhalten wir einen zugehörigen z-Wert von $z_c = 1{,}96$ (2,58). Liegt eine Realisierung der Zufallsvariablen $\bar{X}$, also ein Stichprobenmittelwert $\bar{x}$ vor, so können wir die untere und obere Grenze des Vertrauensbereichs (g_- und g_+) ermitteln:

$$g_- = \bar{x} - z_c\sigma_{\bar{X}};$$
$$g_+ = \bar{x} + z_c\sigma_{\bar{X}}.$$

Im Falle einer Stichprobe aus einer **unendlichen Grundgesamtheit** oder einer Stichprobe **mit Zurücklegen** (aus einer endlichen Grundgesamtheit) gilt (vgl. (9.23*)):

$$\sigma_{\bar{X}} = \frac{\sigma}{\sqrt{n}}.$$

Im Falle einer Stichprobe **ohne Zurücklegen** (aus einer endlichen Grundgesamtheit) gilt (vgl. (10.1)):

$$\sigma_{\bar{X}} = \frac{\sigma}{\sqrt{n}} \sqrt{\frac{N-n}{N-1}}.$$

Der Korrekturfaktor $\sqrt{\frac{N-n}{N-1}}$ kann vernachlässigt werden, wenn der Auswahlsatz $\frac{n}{N} \leq 0{,}05$ ist (vgl. Kapitel 9.5.3).

In der Praxis wird normalerweise σ, also die Standardabweichung der Grundgesamtheit, unbekannt sein.

Bei großen Stichproben darf man statt σ den Wert s der Stichprobenstandardabweichung heranziehen, ohne hierbei eine zu große Ungenauigkeit zu begehen. Im Falle einer Stichprobe aus einer nichtnormalverteilten Grundgesamtheit sollte hierbei der Stichprobenumfang $n > 50$, im Falle einer Stichprobe aus einer normalverteilten Grundgesamtheit $n > 30$ betragen (vgl. Kapitel 9.6.2.2).

Bei kleinen Stichproben ($n \leq 30$) aus **normalverteilten** Grundgesamtheiten und unbekanntem σ müssen wir zur Berechnung der Grenzen des Vertrauensbereichs anstelle des z_c-Wertes aus der Tabelle der Standardnormalverteilung den zum vorgegebenen Sicherheitsgrad $(1 - \alpha)$ zugehörigen t_c-Wert aus der Tabelle der Studentverteilung suchen. Wie in Kapitel 9.6.2.2 gezeigt, ist die Zufallsvariable

$$\frac{\bar{X} - \mu}{\frac{S}{\sqrt{n}}}$$

mit $n - 1$ Freiheitsgraden studentverteilt. Erst für $n > 30$ kann die Studentverteilung durch die Standardnormalverteilung approximiert werden.

Da in der Tabelle der Studentverteilung nicht wie in der Tabelle der Standardnormalverteilung die Flächen innerhalb eines zentralen Schwankungsintervalls, sondern lediglich Werte einer studentverteilten Zufallsvariablen bei vorgegebenen Werten der Verteilungsfunktion und vorgegebenen Freiheitsgraden tabelliert sind, müssen wir z. B. bei einem 95 %igen Vertrauensbereich den zum Wert 0,975 der Verteilungsfunktion zugehörigen Wert t der studentverteilten Zufallsvariablen suchen.

Vor der Durchführung des Schätzverfahrens wird man sich überlegen müssen, wie groß der Stichprobenumfang sein muss, um bei vorgegebenem Sicherheitsgrad die gewünschte Genauigkeit zu erreichen. Wie aus (10.7) hervorgeht, beträgt der **absolute Fehler**, d. h. die absolute Abweichung des Stichprobenmittels vom unbekannten Mittelwert bei vorgegebenem Sicherheitsgrad $z_c \sigma_{\bar{x}}$, d. h. im Falle einer Stichprobe aus einer unendlichen Grundgesamtheit oder einer Stichprobe mit Zurücklegen (aus einer endlichen Grundgesamtheit)

$$z_c \frac{\sigma}{\sqrt{n}}.$$

Verlangt man nun, dass der absolute Fehler eine bestimmte vorgegebene Größe ε nicht überschreitet,

$$z_c \frac{\sigma}{\sqrt{n}} \leq \varepsilon,$$

so erhält man den **notwendigen Stichprobenumfang** wie folgt:

$$\frac{z_c \sigma}{\varepsilon} \leq \sqrt{n}$$

$$n \geq \frac{z_c^2 \sigma^2}{\varepsilon^2}. \tag{10.8}$$

Im Falle eines Stichprobenplans ohne Zurücklegen (aus einer endlichen Grundgesamtheit) ergäbe sich:

$$n \geq \frac{z_c^2 N \sigma^2}{\varepsilon^2 (N - 1) + z_c^2 \sigma^2}. \tag{10.9}$$

Diese Ausdrücke sind allerdings nicht praktikabel, da darin die in der Regel unbekannte Varianz der Grundgesamtheit vorkommt. Man kann sich damit behelfen, dass man für σ^2 eine aus theoretischen Überlegungen oder aus der Erfahrung abgeleitete obere Schranke einsetzt oder durch eine Vorerhebung relativ geringen Umfangs (pilot study) den Schätzwert $s^2 = \frac{1}{n-1} \sum_{i=1}^{n} (x_i - \bar{x})^2$ ermittelt und verwendet.

Kann nicht vorausgesetzt werden, dass die Grundgesamtheit normalverteilt ist, muss allerdings der notwendige Stichprobenumfang $n > 50$ sein, um einen Vertrauensbereich nach (10.7) berechnen zu können.

Zur Berechnung des Umfangs einer Stichprobe aus einer normalverteilten Grundgesamtheit ist bei unbekannter Varianz σ^2 (10.8) durch

$$n \geq \frac{t_c^2 s^2}{\varepsilon^2} \tag{10.10}$$

zu ersetzen.

Aufgaben zur Selbstkontrolle

Aufgabe 1

Die durchschnittliche werktägliche Hausarbeitszeit von Grundschülern der ersten Klassen eines Schulaufsichtsbezirks soll geschätzt werden. Eine Zufallsstichprobe von $n = 60$ Schülern aus der in diesem Bezirk sehr umfangreichen Anzahl von Kindern aus ersten Klassen ergab eine durchschnittliche Hausarbeitszeit von 35 Minuten. Aus einer anderen Untersuchung geht hervor, dass die Standardabweichung $\sigma = 10$ Minuten beträgt.

Man berechne einen 95 %igen Vertrauensbereich für die unbekannte, durchschnittliche werktägliche Hausarbeitszeit aller Schüler aus ersten Klassen dieses Schulaufsichtsbezirks.

Lösung

Selbst wenn die Zufallsvariable „Werktägliche Arbeitszeit" nicht als normalverteilt betrachtet werden könnte, so ist bei großem Stichprobenumfang ($n > 50$) die Schätzfunktion für den Erwartungswert dieser Zufallsvariablen dennoch approximativ normalverteilt.

$$z_c = 1{,}96.$$

$$g_- = 35 - 1{,}96\,\frac{10}{\sqrt{60}} = 32{,}47.$$

$$g_+ = 35 + 1{,}96\,\frac{10}{\sqrt{60}} = 37{,}53.$$

$$W(32{,}47 \leq \mu \leq 37{,}53) = 95\,\%.$$

Die unbekannte durchschnittliche werktägliche Hausarbeitszeit μ liegt mit 95 %iger Wahrscheinlichkeit (mit einem Sicherheitsgrad von 95 %) im Bereich $35 \pm 2{,}53$ [Minuten].

Aufgabe 2

Bei der Prüfung der Zugfestigkeit eines Werkstoffs ergab sich aus 30 Messwerten ein Stichprobenmittel von 40,22 [N/mm²] und eine Stichprobenstandardabweichung von 5,40 [N/mm²].

Es ist die Genauigkeit des Wertes 40,22 [N/mm²] abzuschätzen, d.h. es soll ein 95 %iger Vertrauensbereich für die durchschnittliche Zugfestigkeit berechnet werden.

Die Zufallsvariable Zugfestigkeit ist erfahrungsgemäß (annähernd) normalverteilt.

Lösung

$$t_c = 2{,}045.$$

$$g_- = 40{,}22 - 2{,}045\,\frac{5{,}40}{\sqrt{30}} = 38{,}20.$$

$$g_+ = 40{,}22 + 2{,}045\,\frac{5{,}40}{\sqrt{30}} = 42{,}24.$$

$$W(38{,}20 \leq \mu \leq 42{,}24) = 95\,\%.$$

Die unbekannte mittlere Zugfestigkeit μ liegt mit 95 %iger Wahrscheinlichkeit im Bereich $40{,}22 \pm 2{,}02$ [N/mm²].

Hätte man anstelle des t-Wertes den zum Sicherheitsgrad 0,95 zugehörigen z-Wert aus der Tabelle der Standardnormalverteilung verwendet, so ergäbe sich eine halbe Intervalllänge von 1,93 [N/mm²].

Aufgabe 3

Aus einer Grundgesamtheit von $N = 2000$ Fachärzten wurden zufällig $n = 500$ ausgewählt (uneingeschränkte Zufallsstichprobe ohne Zurücklegen) und nach ihrem Nettoeinkommen im letzten Arbeitsmonat befragt. Aus den Stichprobenwerten errechnete sich ein arithmetisches Mittel von 10500 EUR sowie eine Standardabweichung von 1500 EUR.

Man bestimme einen 99 %igen Vertrauensbereich für das unbekannte Durchschnittseinkommen dieser 2000 Fachärzte.

Lösung

$$z_c = 2{,}58.$$

$$g_- = 10500 - 2{,}58\,\frac{1500}{\sqrt{500}}\sqrt{\frac{2000-500}{1999}} = 10350{,}08.$$

$$g_+ = 10500 + 2{,}58\,\frac{1500}{\sqrt{500}}\sqrt{\frac{2000-500}{1999}} = 10649{,}92.$$

$$W(10350{,}08 \leq \mu \leq 10649{,}92) = 92\,\%.$$

Das unbekannte mittlere Nettoeinkommen der 2000 Fachärzte lag im letzten Arbeitsmonat mit 99 %iger Wahrscheinlichkeit im Bereich $10500 \pm 149{,}92$ [EUR].

Aufgabe 4

Die durchschnittliche monatliche Nettorente für normale Altersruhegelder in der Angestelltenversicherung soll zu einem Beobachtungszeitpunkt geschätzt werden. Eine Zufallsstichprobe von $n = 100$ Versichertenkonten ergab eine durchschnittliche Rentenhöhe von 1300 EUR und eine Standardabweichung von 90 EUR. Man berechne einen 99 %igen Vertrauensbereich für die durchschnittliche monatliche Nettorente aller Bezieher von normalem Altersruhegeld in der Angestelltenversicherung.

Lösung

$$z_c = 2{,}58.$$

$$g_- = 1300 - 2{,}58\frac{90}{\sqrt{100}} = 1276{,}78.$$

$$g_+ = 1300 + 2{,}58\frac{90}{\sqrt{100}} = 1323{,}22.$$

$$W(1276{,}78 \leq \mu \leq 1323{,}22) = 99\,\%.$$

Die durchschnittliche monatliche Nettorente in der Grundgesamtheit liegt mit 99 %iger Wahrscheinlichkeit im Bereich 1300 ± 23,22 [EUR].

Aufgabe 5
Man berechne den notwendigen Stichprobenumfang (vgl. Aufgabe 4), wenn bei einem vorgegebenen Sicherheitsgrad von 99 % die absolute Abweichung des Stichprobenmittels von der tatsächlichen durchschnittlichen Monatsrente höchstens halb so groß wie in Aufgabe 4 sein soll.

Lösung

$$n \geq \frac{2{,}58^2 \cdot 90^2}{11{,}61^2} = 400.$$

10.3.2 Vertrauensbereiche für den Anteilswert

Da die Schätzfunktion $\hat{P}$ bei ausreichend großem Stichprobenumfang $\left(n > \frac{9}{p(1-p)}\right)$ normalverteilt ist, können wir, ausgehend von einem zentralen Schwankungsintervall der standardisierten Schätzfunktion $\frac{\hat{P}-p}{\sigma_{\hat{P}}}$, einen **Vertrauensbereich** für den Anteil $p\left(\frac{\text{Anzahl der „Erfolge"}}{N}\right)$ einer Sorte von Elementen in analoger Weise ableiten.

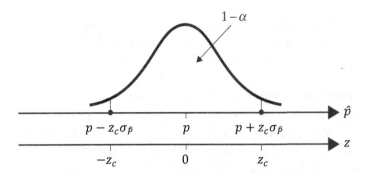

Abb. 10.2 Schwankungsintervall für den Stichprobenanteil

Es ergibt sich:

$$W(\hat{P} - z_c\sigma_{\hat{P}} \leq p \leq \hat{P} + z_c\sigma_{\hat{P}}) = 1 - \alpha, \qquad (10.11)$$

wobei das Intervall $[\hat{P} - z_c\sigma_{\hat{P}}; \hat{P} + z_c\sigma_{\hat{P}}]$ der gesuchte Vertrauensbereich für den unbekannten Anteil p in der Grundgesamtheit ist. Liegt eine Realisierung der Zufallsvariablen $\hat{P}$, also ein Stichprobenanteil $\hat{p}$ vor, können wir die untere und obere Grenze des Vertrauensbereichs ermitteln:

$$g_- = \hat{p} - z_c\sigma_{\hat{p}};$$

$$g_+ = \hat{p} + z_c\sigma_{\hat{p}}.$$

Im Falle einer Stichprobe aus einer unendlichen Grundgesamtheit oder einer Stichprobe mit Zurücklegen (aus einer endlichen Grundgesamtheit) gilt:

$$\sigma_{\hat{p}} = \sqrt{\frac{p(1-p)}{n}}$$

Im Falle einer Stichprobe ohne Zurücklegen (aus einer endlichen Grundgesamtheit) gilt:

$$\sigma_{\hat{p}} = \sqrt{\frac{p(1-p)}{n}} \sqrt{\frac{N-n}{N-1}},$$

wobei der Korrekturfaktor

$$\sqrt{\frac{N-n}{N-1}} \text{ für } \frac{n}{N} \leq 0,05$$

zu vernachlässigen ist.

Zur Berechnung von $\sigma_{\hat{p}}$ benötigen wir den unbekannten Anteil p in der Grundgesamtheit. Wir behelfen uns damit, dass wir für den unbekannten Anteil p den Schätzwert $\hat{p}$, also den Stichprobenanteil einsetzen. Anstelle des Stichprobenanteils $\hat{p}$ könnten wir auch für den benötigten Ausdruck $p\,(1-p)$ eine obere Schranke verwenden. Diese ist 0,25.

Da es sich bei der Schätzfunktion um eine diskrete Zufallsvariable handelt, kann man zur Verbesserung der Genauigkeit noch eine Stetigkeitskorrektur vornehmen (vgl. Kapitel 9.6.1.3). Die Grenzen des Vertrauensbereichs für p ergeben sich dann durch

$$g_- = \hat{p} - \frac{1}{2n} - z_c\sigma_{\hat{p}} \text{ und}$$

$$g_+ = \hat{p} + \frac{1}{2n} + z_c\sigma_{\hat{p}}.$$

Der **absolute Fehler**, d.h. die absolute Abweichung des Stichprobenanteils vom unbekannten Anteil in der Grundgesamtheit, beträgt im Falle einer Stichprobe aus einer unendlichen Grundgesamtheit oder einer Stichprobe mit Zurücklegen (aus einer endlichen Grundgesamtheit) und ohne Berücksichtigung der Stetigkeitskorrektur bei vorgegebenem Sicherheitsgrad $(1 - \alpha)$

$$z_c \sqrt{\frac{p(1-p)}{n}}.$$

Verlangt man, dass der absolute Fehler eine bestimmte vorgegebene Größe ε nicht überschreitet,

$$z_c \sqrt{\frac{p(1-p)}{n}} \leq \varepsilon,$$

so erhält man den **notwendigen Stichprobenumfang** wie folgt:

$$n \geq \frac{z_c^2 p(1-p)}{\varepsilon^2}. \tag{10.12}$$

Im Falle eines Stichprobenplans ohne Zurücklegen (aus einer endlichen Grundgesamtheit) ergäbe sich:

$$n \geq \frac{z_c^2 N p(1-p)}{\varepsilon^2(N-1) + z_c^2 p(1-p)}. \tag{10.13}$$

Das unbekannte p ersetzen wir durch einen Schätzwert $\hat{p}$, den wir aus einer kleinen Vorerhebung gewinnen können; andernfalls wäre für den Ausdruck $p(1-p)$ die obere Schranke von 0,25 einzusetzen.

Aufgaben zur Selbstkontrolle

Aufgabe 1
Von den 5000 gewerkschaftlich organisierten Arbeitnehmern eines Großbetriebs wurden 250 ausgewählt und nach ihrer Streikbereitschaft gefragt. Von diesen gaben 200 an, dass sie für einen Streik sind. Man berechne einen 95 %igen Vertrauensbereich für den Anteil der Streikwilligen unter allen Gewerkschaftsmitgliedern dieses Betriebs.

Lösung

Da in unserem Beispiel der Umfang der Grundgesamtheit relativ zum Stichprobenumfang groß ist (der Auswahlsatz $\frac{n}{N}$ beträgt 5 %), werden die Stichprobenziehungen als untereinander unabhängige Experimente (Modell mit Zurücklegen) betrachtet.

$$g_- = 0,8 - 1,96 \sqrt{\frac{0,8 \cdot 0,2}{250}} = 0,7504.$$

$$g_+ = 0,8 + 1,96 \sqrt{\frac{0,8 \cdot 0,2}{250}} = 0,8496.$$

$$W(0,7504 \leq p \leq 0,8496) = 95\,\%.$$

Der unbekannte Anteil p der Streikwilligen unter den Gewerkschaftsmitgliedern dieses Betriebs liegt mit einer Wahrscheinlichkeit von 95 % im Bereich 0,8 ± 0,0496, also zwischen 75 % und 85 %. Mit Stetigkeitskorrektur ergibt sich für

$$g_- = \frac{199,5}{250} - 0,0496 = 0,7484 \text{ und für}$$

$$g_+ = \frac{200,5}{250} + 0,0496 = 0,8516.$$

Aufgabe 2

Dieses Ergebnis (vgl. Aufgabe 1) sei der Gewerkschaft noch zu unscharf. Man fordert, dass der absolute Fehler 0,03 nicht überschreiten darf, also auf drei Prozentpunkte genau geschätzt werden soll. Der Sicherheitsgrad soll nach wie vor 95 % betragen.

Lösung

Um den Anteil p der Streikwilligen unter den Gewerkschaftsmitgliedern dieses Betriebs auf drei Prozentpunkte genau schätzen zu können, werden wir einen Stichprobenumfang von n > 250 und damit einen Auswahlsatz $\frac{n}{N} > 0,05$ benötigen.

Daher sollte man auf den Korrekturfaktor nicht verzichten. Wir berechnen n hier nach (10.13):

$$n \geq \frac{1,96^2 \cdot 5000 \cdot 0,8 \cdot 0,2}{0,03^2 \cdot 4999 + 1,96^2 \cdot 0,8 \cdot 0,2} = 601.$$

(Bei Verwendung von (10.12) ergibt sich $n \geq 683$).

Aufgabe 3

Aus einer Grundgesamtheit von $N = 3000$ Erzeugnissen wurde eine uneingeschränkte Zufallsstichprobe ohne Zurücklegen vom Umfang $n = 400$ entnommen.

Darin befanden sich 56 unbrauchbare Produkte.

Man ermittle einen 90 %igen Vertrauensbereich für den Ausschussanteil in der Grundgesamtheit.

Lösung

$$g_- = 0{,}14 - 1{,}645 \sqrt{\frac{0{,}14 \cdot 0{,}86}{400}} \sqrt{\frac{300 - 400}{2999}} = 0{,}1134.$$

$$g_+ = 0{,}14 + 1{,}645 \sqrt{\frac{0{,}14 \cdot 0{,}86}{400}} \sqrt{\frac{3000 - 400}{2999}} = 0{,}1666.$$

$$W(0{,}1134 \le p \le 0{,}1666) = 90\,\%.$$

Der Ausschussanteil p in der Grundgesamtheit liegt mit 90 %iger Wahrscheinlichkeit im Bereich $0{,}14 \pm 0{,}0266$, also zwischen 11,34 % und 16,66 %.

10.4 Testen von Hypothesen

Hypothesen sind Annahmen, die wahr oder falsch sind, ohne dass es oft möglich wäre festzustellen, ob sie wahr oder falsch sind.

Unter statistischen Hypothesen versteht man Annahmen über Parameter oder Verteilungsgesetze von Zufallsvariablen. Ein **statistischer Test** ist ein Verfahren, das mithilfe von Stichprobenerhebungen eine Entscheidungsregel dafür liefert, ob eine statistische Hypothese abgelehnt werden soll oder nicht.

Im Allgemeinen ist es zweckmäßig, der **Nullhypothese** (Ausgangshypothese) H_0 eine **Alternativhypothese** H_1 gegenüberzustellen (vgl. unten).

Testverfahren werden in der Praxis oft durchgeführt, um festzustellen, ob vorgegebene Normen, etwa Sollwerte bezüglich des Durchmessers, der Länge, der Zug- oder Druckfestigkeit eines Werkstoffs, des Abfüllgewichts von Fertigpackungen oder des Anteils von Konservierungsstoffen bei Lebensmitteln, eingehalten bzw. über- oder unterschritten wurden.

Soll geprüft werden, ob Annahmen über Parameter von Grundgesamtheiten oder vorgegebene Normen mit hierüber vorliegenden Stichprobenbefunden verträglich sind, spricht man von **Parametertests**. Soll dagegen festgestellt werden, ob eine Zufallsvariable eine bestimmte Verteilung besitzt, zumeist handelt es sich um die Überprüfung der

Normalitätsvoraussetzung, so spricht man von **Verteilungstests**. Daneben unterscheidet man noch in **Unabhängigkeits-** und **Differenzentests**. Bei einem Differenzentest will man herausfinden, ob verschiedene Untersuchungsgesamtheiten die gleiche charakteristische Eigenschaft haben.

Man nennt einen Test verteilungsgebunden oder verteilungsfrei, je nachdem, ob bei einem Test Annahmen über das Verteilungsgesetz der betrachteten Zufallsvariablen getroffen worden sind oder nicht.

Wir werden uns im Folgenden auf das Testen von Mittel- und Anteilswerten, auf die Prüfung von Hypothesen über Verteilungen und einen Test zur Prüfung der Unabhängigkeit zweier Zufallsvariablen, die nominal skalierte Werte annehmen, beschränken.

10.4.1 Testen von Mittelwerten

Es werde behauptet, der Mittelwert einer Grundgesamtheit betrage $\mu = \mu_0$. Betrachten wir zunächst den Fall, dass der Nullhypothese H_0: $\mu = \mu_0$ als Alternativhypothese H_1: $\mu \neq \mu_0$ gegenübergestellt wird.

Zur Überprüfung der Nullhypothese ziehen wir eine Zufallsstichprobe vom Umfang n und ermitteln daraus den Stichprobenmittelwert $\bar{x}$.

Liegt dieses Stichprobenmittel zu weit von μ_0 entfernt, so werden wir der Nullhypothese keinen Glauben schenken. Wir sagen dann, der Unterschied zwischen unserem $\bar{x}$ und μ_0 sei **signifikant** (bedeutsam, wesentlich, nicht zufällig zustande gekommen).

Wir müssen allerdings bedenken, dass auch dann, wenn H_0 wahr ist, größere Abweichungen des Stichprobenmittels $\bar{x}$ von μ_0 auftreten können. Verwerfen wir aufgrund einer zu großen Abweichung die wahre Nullhypothese, machen wir einen Fehler. Diesen Fehler nennt man einen Fehler ersten Typs oder α-Fehler.

Ungeklärt blieb bisher, wann eine Abweichung „zu groß" ist, d. h. wann das Stichprobenmittel „zu weit" von μ_0 entfernt ist und uns zu einer Ablehnung der Nullhypothese veranlasst.

Wir haben das Problem, **kritische Werte** festzulegen, die den **Ablehnungsbereich** vom **Nichtablehnungsbereich** trennen.

Das Problem löst man dadurch, dass man die Wahrscheinlichkeit α vorgibt, mit der man in Kauf nimmt, einen Fehler ersten Typs zu begehen. Diese Wahrscheinlichkeit α nennt man **Signifikanzniveau** oder **Irrtumswahrscheinlichkeit**.

Bei Betrachtung des Falls

$$H_0 : \mu = \mu_0 \text{ und } H_1 : \mu \neq \mu_0$$

wird man die Nullhypothese dann ablehnen, wenn $\bar{x}$ von μ_0 entweder zu sehr nach oben oder nach unten abweicht. Der Ablehnungsbereich (kritische Bereich) besteht dann aus einem links- und rechtsseitigen Teilbereich (zweiseitiger Test; vgl. Abb. 10.3).

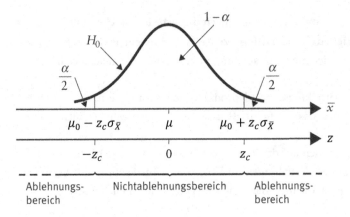

Abb. 10.3 Zweiseitiger Test

Ist die Schätzfunktion $\bar{X}$ normalverteilt und nimmt $\bar{X}$ einen Wert im Intervall $[\mu_0 - z_c\sigma_{\bar{X}}; \mu_0 + z_c\sigma_{\bar{X}}]$ bzw. die standardisierte Zufallsvariable $\frac{\bar{X}-\mu_0}{\sigma_{\bar{X}}}$ einen Wert im Intervall $[-z_c; z_c]$ an, so kann die Nullhypothese nicht abgelehnt werden. Liegt unser Stichprobenmittelwert $\bar{x}$ bzw. der standardisierte Wert von $\bar{x}$ außerhalb dieses Intervalls, so lehnen wir die Nullhypothese ab.

Da die Nullhypothese H_0 entweder wahr oder falsch ist, kann man neben dem oben erwähnten Fehler ersten Typs auch noch einen Fehler zweiten Typs (β-Fehler) begehen, und zwar dann, wenn die Hypothese H_0 aufgrund des Stichprobenbefunds nicht abgelehnt wird, obwohl sie falsch ist.

Betrachten wir nun den Fall, dass aufgrund einer konkreten Fragestellung der Nullhypothese $H_0: \mu = \mu_0$ als Alternativhypothese $H_1: \mu > \mu_0$ order $H_1: \mu = \mu_1$, wobei $\mu_1 > \mu_0$, gegenübersteht. Dann wird man nur **einen** Ablehnungsbereich, in diesem Fall einen rechtsseitigen kritischen Bereich festlegen (vgl. Abb. 10.4).

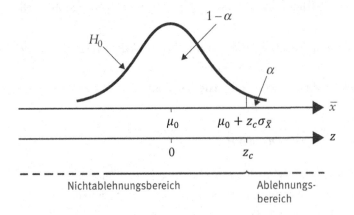

Abb. 10.4 Einseitiger Test

Würde H_0: $\mu \leq \mu_0$ und H_1: $\mu > \mu_0$ lauten, wäre das Signifikanzniveau α nur mehr als maximales Signifikanzniveau zu verstehen, da für $\mu < \mu_0$ das Signifikanzniveau kleiner als α wäre. Wenn das Stichprobenmittel $\bar{x}$ die Nullhypothese unmittelbar stützt – das wäre z. B. der Fall, wenn $\bar{x} < \mu_0$ bei H_0: $\mu \leq \mu_0$ – so wird H_1 zur Prüfhypothese. Falls man dann H_1 verwerfen kann, ist H_0 als bestätigt zu betrachten.

Aufgaben zur Selbstkontrolle

Aufgabe 1
Ein Hersteller behauptet, der Durchmesser von in Serie hergestellten Eisenstäben entspreche im Mittel dem Sollwert von 10,00 [mm]. Aus früheren Untersuchungen sei bekannt, dass der Durchmesser der Eisenstäbe normalverteilt ist und die produzierende Maschine mit einer Varianz von $\sigma^2 = 0{,}49$ [mm^2] arbeitet.

Für die Verwendbarkeit der Stäbe beim Abnehmer ist zwar diese Streuung akzeptabel, dagegen wäre es unerwünscht, wenn der tatsächliche mittlere Durchmesser der in dieser Serie hergestellten Stäbe vom Sollwert nach oben oder unten abwiche. Im Interesse des Abnehmers soll bei einer Irrtumswahrscheinlichkeit (einem Signifikanzniveau) von 1 % (5 %) die Behauptung des Herstellers durch einen Stichprobenbefund getestet werden.

Die entnommene Stichprobe vom Umfang $n = 100$ Stäben liefert einen mittleren Durchmesser von $\bar{x} = 9{,}85$ [mm].

Lösung
Test der Hypothese H_0: $\mu = 10{,}00$ [mm] gegen H_1: $\mu \neq 10{,}00$ [mm]

$$z = \frac{9{,}85 - 10{,}00}{\dfrac{0{,}7}{\sqrt{100}}} = -2{,}14.$$

$$|z_c| = 2{,}58 \ (1{,}96).$$

Bei einer Irrtumswahrscheinlichkeit von 1 %:

$|z| = 2{,}14 < 2{,}58 = |z_c|$; die Behauptung des Herstellers kann nicht verworfen werden.

Bei einer Irrtumswahrscheinlichkeit von 5 %:

$|z| = 2{,}14 > 1{,}96 = |z_c|$; die Behauptung des Herstellers wird verworfen.

Aufgabe 2
Aufgabenstellung wie bei Aufgabe 1; die Varianz σ^2 sei nun aber unbekannt.

Aus einer Stichprobe vom Umfang $n = 30$ errechnet man $\bar{x} = 9{,}79$ [mm] sowie $s^2 = 0{,}64$ [mm^2].

Lösung

Test der Hypothese H_0: $\mu = 10{,}00$ [mm] gegen H_1: $\mu \neq 10{,}00$ [mm].

$$t = \frac{9{,}79 - 10{,}00}{\dfrac{0{,}8}{\sqrt{30}}} = -1{,}44.$$

$$|t_c| = 2{,}76 \ (2{,}05).$$

$$|t| = 1{,}44 < 2{,}76 = |t_c|.$$

$$|t| = 1{,}44 < 2{,}05 = |t_c|.$$

Sowohl bei einer Irrtumswahrscheinlichkeit von 1 % als auch 5 % kann die Behauptung des Herstellers nicht verworfen werden.

Aufgabe 3

Der Durchmesser von in Serie hergestellten Eisenstäben sei *normalverteilt* mit Mittelwert μ und Standardabweichung $\sigma = 0{,}7$ [mm]. Bei einem Signifikanzniveau von 5 % ist die Hypothese H_0: $\mu = 10{,}00$ [mm] gegen die Alternativhypothese H_1: $\mu = 9{,}75$ [mm] zu testen. Eine Stichprobe vom Umfang $n = 16$ liefere ein $\bar{x}$ von 9,80 [mm].

Lösung

Test der Hypothese H_0 gegen H_1; da als Alternative zu μ_0 hier in kleineres μ_1 in Betracht gezogen wird, bilden wir einen linksseitigen kritischen Bereich.

$$z = \frac{9{,}80 - 10{,}00}{\dfrac{0{,}7}{\sqrt{16}}} = -1{,}143.$$

$$z_c = -1{,}645.$$

$| z | = 1{,}143 < 1{,}645 = | z_c |$; die Hypothese H_0 kann nicht zurückgewiesen werden.

Damit ist jedoch nicht der Schluss erlaubt, dass H_1 nun verworfen werden kann. Prüft man nämlich H_1, so ergibt sich, dass auch die Alternativhypothese nicht abgelehnt werden kann:

$$z = \frac{9{,}80 - 9{,}75}{\dfrac{0{,}7}{\sqrt{16}}} = 0{,}286.$$

$z_c = 1{,}645$ (rechtsseitiger kritischer Bereich).
$z = 0{,}286 < 1{,}645 = z_c$.

Der vorliegende Stichprobenbefund ermöglicht keine Entscheidung darüber, welche der beiden Hypothesen zu akzeptieren ist.

Aufgabe 4

Man berechne für den Fall, dass tatsächlich H_1 die richtige Hypothese ist, die Wahrscheinlichkeit für das Begehen eines Fehlers zweiten Typs (vgl. Aufgabe 3).

Lösung

Die (falsche) Hypothese H_0 wird man dann nicht ablehnen, wenn $\bar{x}$ in den Nichtablehnungsbereich von H_0: $\mu = 10$ [mm] fällt.

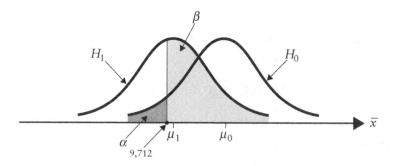

Abb. 10.5 Fehler zweiten Typs (β-Fehler)

$$\beta = W\left(\bar{X} > 9{,}712 \mid \mu_1 = 9{,}75; \sigma_{\bar{x}} = \frac{0{,}7}{\sqrt{16}}\right) = 1 - F_1(9{,}712)$$

$$= 1 - F_{SN}\left(\frac{9{,}712 - 9{,}75}{\frac{0{,}7}{\sqrt{16}}}\right) = 1 - F_{SN}(-0{,}22)$$

$$= 0{,}5871.$$

Aus Abb. 10.5 sieht man, dass die Wahrscheinlichkeit des Begehens eines Fehlers zweiten Typs umso größer wird, desto kleiner die Wahrscheinlichkeit dafür gewählt wird, einen Fehler ersten Typs zu begehen.

Die Berechnung der Wahrscheinlichkeit für das Begehen eines Fehlers zweiten Typs setzt voraus, dass der wahre Parameter der Grundgesamtheit bekannt ist. Da dies in der Regel nicht der Fall ist, berechnet man den Fehler zweiten Typs für viele denkbare Alternativen zu H_0. Man erhält dann eine Funktion, die in Abhängigkeit von μ die Wahrscheinlichkeit der Nichtablehnung der Nullhypothese angibt. Diese Funktion nennt man Operationscharakteristik oder OC-Kurve des Tests.

Aufgabe 5

In einem Betrieb werden in Serie Eisenstäbe hergestellt und zwar in voneinander unabhängigen Prozessen. Eine Kontrollstichprobe vom Umfang $n = 100$ ergab einen mittleren Durchmesser von $\bar{x} = 9{,}85$ [mm] und eine Standardabweichung von $s = 0{,}75$ [mm].

Bei einem Signifikanzniveau von 5 % ist die Hypothese zu testen, der mittlere Durchmesser μ der in dieser Serie produzierten Eisenstäbe sei 10,00 [mm], und zwar gegen die Alternativhypothese $\mu < 10{,}00$ [mm].

Lösung

Zu Prüfung der Hypothese H_0: $\mu = 10{,}00$ [mm] bilden wir einen linksseitigen kritischen Bereich.

$$z = \frac{9{,}85 - 10{,}00}{\dfrac{0{,}75}{\sqrt{100}}} = -2{,}0.$$

$$z_c = -1{,}645.$$

$|z| = 2{,}0 > 1{,}645 = |z_c|$; wir verwerfen die Hypothese H_0 und akzeptieren die Alternativhypothese H_1: $\mu < 10{,}00$ [mm].

Aufgabe 6

Ein Produzent behauptet, der Durchmesser von hergestellten Eisenstäben betrage im Mittel mindestens 10,00 [mm]. Für die Verwendbarkeit beim Abnehmer sei es unerwünscht, dass der tatsächliche mittlere Durchmesser unter 10,00 [mm] liegt. Im Interesse des Abnehmers soll bei einem Signifikanzniveau von 5 % die Hypothese H_0: $\mu \geq 10{,}00$ [mm] gegen die Alternativhypothese H_1: $\mu < 10{,}00$ [mm] geprüft werden.

Die aus der großen Grundgesamtheit entnommene Stichprobe vom Umfang $n = 80$ Stäben liefert einen Mittelwert von 10,15 [mm] und eine Standardabweichung von 0,72 [mm].

Lösung

Da $\bar{x} > 10{,}00$ [mm], liegt die Prüfgröße z nicht im Ablehnngsbereich der Hypothese H_0. Deshalb testen wir die Alternativhypothese H_1: $\mu < 10{,}00$ [mm]:

$$z = \frac{10{,}15 - 10{,}00}{\dfrac{0{,}72}{\sqrt{80}}} = 1{,}863.$$

$z_c = 1{,}645$ (rechtsseitiger kritischer Bereich).

$z = 1{,}863 > 1{,}645 = z_c$; die Hypothese H_1: $\mu < 10{,}00$ [mm] wird verworfen.

Die Hypothese H_0: $\mu \geq 10{,}00$ [mm] ist somit als bestätigt zu betrachten.

10.4.2 Testen von Anteilswerten

Es werde behauptet, der Anteil einer uns interessierenden Sorte von Elementen (Anteil der „Erfolge") in der Grundgesamtheit betrage $p = p_0$.

Bei hinreichend großem Stichprobenumfang (vgl. Kapitel 10.3.2) können wir die Schätzfunktion $\hat{P}$ als normalverteilt betrachten und somit bei vorgegebenem Signifikanzniveau α die Hypthese H_0: $p = p_0$ bei einer zweiseitigen Fragestellung dann verwerfen, wenn die Schätzfunktion $\hat{P}$ einen Wert außerhalb des Intervalls

$$[p_0 - z_c \sigma_{\hat{p}}; p_0 + z_c \sigma_{\hat{p}}],$$

bzw. die standardisierte Schätzfunktion $\frac{\hat{p} - p_0}{\sigma_{\hat{p}}}$ einen Wert außerhalb des Intervalls

$$[-z_c; +z_c]$$

annimmt.

Bei einseitiger Fragestellung ist ein einseitiger kritischer Bereich festzulegen.

Aufgaben zur Selbstkontrolle

Aufgabe 1

Ein Aggregat, das in voneinander unabhängigen Produktionsvorgängen einen Massenartikel herstellt, hatte erfahrungsgemäß eine Ausschussquote von 10 %. Nach längerer Stillstandszeit wurde eine Probeserie von $n = 400$ Stück gefertigt.

Davon waren 60 Stück unbrauchbar.

Man prüfe bei einem vorgegebenen Signifikanzniveau von 5 % die Hypothese, die Stillstandszeit hatte keinen Einfluss auf die Ausschussquote, gegen die Alternativhypothese, das qualitative Niveau der Fertigung habe sich verschlechtert.

Lösung

Test der Hypothese H_0: $p = 0,1$ gegen H_1: $p > 0,1$.

Für $n\,p\,(1-p) > 9$ ist die Normalapproximation bereits sehr gut.

Wir berechnen daher die Testgröße

$$z = \frac{\hat{p} - p_0}{\sqrt{\dfrac{p_0(1 - p_0)}{n}}} = \frac{0,15 - 0,10}{\sqrt{\dfrac{0,1 \cdot 0,9}{400}}} = 3,33\overline{3}$$

(ohne Berücksichtigung der Stetigkeitskorrektur).

$z_c = 1{,}645$ (rechtsseitiger kritischer Bereich).

$z = 3{,}33\overline{3} > 1{,}645 = z_c$; wir verwerfen die Hypothese H_0: $p = 0{,}1$ und akzeptieren die Alternativhypothese H_1: $p > 0{,}1$.

Aufgabe 2

Ein Unternehmen plant, ein neues Produkt zu vermarkten. Nachdem das Produkt bereits sechs Monate auf dem Testmarkt vertrieben worden ist, werden 100 zufällig ausgewählte Personen dieses Testmarktes befragt, ob sie das Produkt kennen. Von den befragten Personen bejahen 20 diese Frage.

Testen Sie auf einem Signifikanzniveau von $\alpha = 2{,}5\,\%$ die Hypothese, dass mindestens 25 % der Personen des Testmarktes das neue Produkt kennen.

Lösung

Test der Hypothese H_0: $p \geq 0{,}25$ gegen H_1: $p < 0{,}25$.

$$z = \frac{0{,}2 - 0{,}25}{\sqrt{\dfrac{0{,}25 \cdot 0{,}75}{100}}} \approx -1{,}15$$

(ohne Berücksichtigung der Stetigkeitskorrektur);

$z_c = -1{,}96$ (linksseitiger kritischer Bereich).

$|z| = 1{,}15 < |z_c| = 1{,}96$; die Hypothese H_0: $p \geq 0{,}25$ kann nicht verworfen werden.

10.4.3 Chi-Quadrat-Anpassungstest

Es handelt sich hierbei um den Test der Hypothese, dass eine Zufallsvariable X eine ganz bestimmte Verteilungsfunktion $F(x)$ hat. Zu diesem Zweck beschafft man mittels einer Stichprobe Realisierungen dieser Zufallsvariablen, teilt die Beobachtungswerte in k Klassen ein und vergleicht die tatsächlich beobachteten Klassenhäufigkeiten mit den Klassenhäufigkeiten, die theoretisch bei Richtigkeit der Verteilungshypothese zu erwarten wären.

Ist der Unterschied zwischen beobachteten und theoretischen Klassenhäufigkeiten zu groß, wird man die aufgestellte Verteilungshypothese verwerfen.

Bezeichnen wir mit n_i die Anzahl der beobachteten Realisierungen der Zufallsvariablen X in der i-ten Klasse.

Ist die Verteilungshypothese richtig, so kann zunächst die Wahrscheinlichkeit p_i dafür berechnet werden, dass die Zufallsvariable X einen Wert in der i-ten Klasse annimmt. Die theoretisch zu erwartende Anzahl der Realisierungen in der i-Klasse ergibt sich dann aus np_i, wobei n wiederum der Stichprobenumfang ist.

Wenn der Unterschied zwischen den beobachteten (n_i) und den theoretischen Klassenhäufigkeiten (np_i)

$$n_i - np_i$$

groß ausfällt, werden auch die Realisierungen der Zufallsvariablen

$$\sum_{i=1}^{k} \frac{(n_i - np_i)^2}{np_i} \tag{10.14}$$

verhältnismäßig groß ausfallen.

Man kann zeigen, dass bei Richtigkeit der Verteilungshypothese diese Zufallsvariable für $n \to \infty$ näherungsweise chi-quadrat-(χ^2-)verteilt mit $\nu = k-1$ Freiheitsgraden ist. Werden allerdings die m unbekannten Parameter der Verteilungsfunktion erst aus dem Stichprobenbefund (mithilfe der Maximum-Likelihood-Methode) geschätzt, so ist diese Zufallsvariable näherungsweise chi-quadrat-verteilt mit $k-m-1$ Freiheitsgraden. Da die Grundlage des Chi-Quadrat-Anpassungstests ein Grenzwertsatz ist, sollte man darauf achten, dass die Klasseneinteilung so erfolgt, dass $np_i \geq 5$ ist.

Bei vorgegebener Irrtumswahrscheinlichkeit (vorgegebenem Signifikanzniveau) verwenden wir (10.14) als Testgröße und lehnen die Verteilungshypothese ab, wenn unsere Testgröße einen Wert annimmt, der den durch die vorgegebene Irrtumswahrscheinlichkeit festgelegten kritischen Wert überschreitet.

Aufgaben zur Selbstkontrolle

Aufgabe 1

Für die Auslandszulage von $n = 200$ ausgewählten Angestellten eines Großbetriebs ergab sich zum Feststellungszeitpunkt folgende Häufigkeitsverteilung:

Tabelle 10.6 Test auf Normalverteilung

Auslandszulage (in EUR)	bis 1900	über 1900 bis 2100	über 2100 bis 2300	über 2300 bis 2500	über 2500 bis 2700	über 2700
Anzahl der Angestellten	40	50	60	30	14	6

Man prüfe bei einem Signifikanzniveau von 5 % bzw. 1 % die Hypothese, die Verteilung der Auslandszulage lasse sich gut durch eine Normalverteilung mit dem Mittelwert $\mu = 2200$ [EUR] und der Standardabweichung $\sigma = 300$ [EUR] beschreiben.

Lösung

Wir berechnen zunächst die Wahrscheinlichkeit dafür, dass bei Richtigkeit der Verteilungshypothese die Zufallsvariable „Auslandszulage" einen Wert in der i-ten Klasse annimmt:

$$p_1 = F_{SN}\left(\frac{1900 - 2200}{300}\right) = F_{SN}(-1) = 0{,}1587.$$

$$p_2 = F_{SN}\left(\frac{2100 - 2200}{300}\right) - F_{SN}(-1) = F_{SN}(-0{,}33) - F_{SN}(-1)$$
$$= 0{,}3707 - 0{,}1587 = 0{,}2120.$$

$$p_3 = F_{SN}\left(\frac{2300 - 2200}{300}\right) - F_{SN}(-0{,}33) = F_{SN}(0{,}33) - F_{SN}(-0{,}33)$$
$$= 0{,}6293 - 0{,}3707 = 0{,}2586.$$

$p_4 = p_2$ (Symmetrie der Normalverteilung).

$$p_5 = F_{SN}\left(\frac{2700 - 2200}{300}\right) - F_{SN}\left(\frac{2500 - 2200}{300}\right) = F_{SN}(1{,}67) - F_{SN}(1)$$
$$= 0{,}9525 - 0{,}8413 = 0{,}1112.$$

$$p_6 = 1 - F_{SN}\left(\frac{2700 - 2200}{300}\right) = 1 - 0{,}9525 = 0{,}0475.$$

Dann berechnen wir die zu erwartenden Klassenhäufigkeiten bei Richtigkeit der Verteilungshypothese:

$$np_1 = 31{,}74; \ np_2 = 42{,}40; \ np_3 = 51{,}72; \ np_4 = 42{,}40; \ np_5 = 22{,}24; \ np_6 = 9{,}50.$$

Wir verwenden (10.14) als Testgröße und berechnen den Wert

$$\chi^2 = \frac{(40 - 31{,}74)^2}{31{,}74} + \frac{(50 - 42{,}40)^2}{42{,}40} + \cdots + \frac{(6 - 9{,}50)^2}{9{,}50} = 12{,}8.$$

Nun müssen wir feststellen, ob unsere Testgröße $\chi^2 = 12{,}8$ im Ablehnungsbereich liegt oder nicht.

- Bei einer Irrtumswahrscheinlichkeit von 5 % finden wir aus der Tabelle der Chi-Quadrat-Verteilung bei $v = k-1$ Freiheitsgraden den kritischen Wert $\chi_c^2 = 11{,}1$.
- Da $\chi^2 = 12{,}8 > 11{,}1 = \chi_c^2$, lehnen wir die Verteilungshypothese ab.
- Bei einer Irrtumswahrscheinlichkeit von 1 % finden wir einen kritischen Wert von $\chi_c^2 = 15{,}1$.
- Da $\chi^2 = 12{,}8 < 15{,}1 = \chi_c^2$, können wir die Verteilungshypothese nicht ablehnen.

Aufgabe 2

Aus den Einwohnern einer Stadt wurden 200 erwachsene Personen ausgewählt und einzeln gebeten, eine der ganzen Zahlen $0,\dots,9$ zu nennen. Es ergab sich hierbei folgende Häufigkeitsverteilung:

Tabelle 10.7 Test auf Gleichverteilung

Genannte Zahl	0	1	2	3	4	5	6	7	8	9
Anzahl der Personen	6	30	20	18	19	15	22	35	21	14

Man teste bei einem Signifikanzniveau von 1 % die Hypothese, jede der ganzen Zahlen $0, \dots, 9$ habe dieselbe Wahrscheinlichkeit, ausgewählt zu werden.

Lösung

$p_1 = p_2 = \cdots = p_{10} = 0{,}1.$

$np_1 = np_2 = \cdots = np_{10} = 20.$

$\chi^2 = 29{,}6;\ \chi_c^2 = 21{,}7.$

$\chi^2 = 29{,}6 > 21{,}7 = \chi_c^2;$ wir lehnen die Verteilungshypothese ab.

10.4.4 Chi-Quadrat-Unabhängigkeitstest

Wir wollen prüfen, ob zwei Zufallsvariable, die nominal skalierte Werte annehmen, unabhängig voneinander sind.

Betrachten wir hierzu die Kontingenztabelle 5.8 in Kapitel 5.3, die das Resultat einer Befragung von 200 zufällig ausgewählten verheirateten Männern im Alter zwischen 25 und 30 Jahren wiedergibt. Die Testpersonen wurden nach ihrer Einstellung zum neuen Klimapaket sowie nach der von ihnen präferierten politischen Partei befragt.

Es soll bei einer Irrtumswahrscheinlichkeit von 5 % bzw. 1 % geprüft werden, ob die Einstellung zum neuen Klimapaket und parteipolitische Präferenzen unabhängig voneinander sind.

Die Wahrscheinlichkeit dafür, dass die Zufallsvariable „Einstellung zum neuen Klimapaket" (X) die Realisierung x_i und die Zufallsvariable „Parteipolitische Präferenz" (Y) die Realisierung y_j annimmt, ist bei Unabhängigkeit (vgl. Kapitel 8.4.2.3) gleich dem Produkt der Einzelwahrscheinlichkeiten:

$$W(X = x_i \cap Y = y_j) = W(X = x_i) \cdot W(Y = y_j).$$

Die relativen Häufigkeiten $\frac{45}{200}; \frac{125}{200}; \frac{77}{200}$ aus Tabelle 5.8 sind Schätzwerte für $W(X = x_1 \cap Y = y_1); W(X = x_1); W(Y = y_1)$, wobei x_1 für „positiv" und y_1 für „Partei A" stehen.

Wenn nun die Hypothese H_0, X und Y sind unabhängig, zutrifft, muss gelten:

$$\frac{45}{200} = \frac{n_{11}}{n} \approx \frac{125}{200} \cdot \frac{77}{200} = \frac{n_{1.}}{n} \cdot \frac{n_{.1}}{n} \quad \text{bzw.}$$

$$45 = n_{11} \approx \frac{125 \cdot 77}{200} = \frac{n_{1.} n_{.1}}{n} = 48{,}125.$$

48,125 ist die bei Gültigkeit der Nullhypothese zu erwartende Anzahl unserer Testpersonen, die sowohl eine positive Einstellung zum neuen Klimapaket haben als auch Partei A präferieren müssten.

Verallgemeinernd kann man sagen, dass die Werte von $\left| \frac{n_{ij}}{n} - \frac{n_{i.}}{n} \cdot \frac{n_{.j}}{n} \right|$ und somit auch die Ralisierungen der Zufallsvariablen

$$n \sum_{i-1}^{k} \sum_{j=1}^{l} \frac{\left(\frac{n_{ij}}{n} - \frac{n_{i.}}{n} \cdot \frac{n_{.j}}{n} \right)^2}{\frac{n_{i.}}{n} \cdot \frac{n_{.j}}{n}} = \sum_{i-1}^{k} \sum_{j=1}^{l} \frac{\left(n_{ij} - \frac{n_{i.} n_{.j}}{n} \right)^2}{\frac{n_{i.} n_{.j}}{n}} \qquad (10.15)$$

bei Richtigkeit von H_0 klein sein müssen.

Ist die zu erwartende Anzahl $\frac{n_{i.} n_{.j}}{n}$ jeweils wenigstens 5, so ist (10.15) näherungsweise chi-quadrat-verteilt mit $(k-1)(l-1)$ Freiheitsgraden, wobei k die Anzahl der Zeilen (Anzahl der Ausprägungen des Merkmals X) und l die Anzahl der Spalten (Anzahl der Ausprägungen des Merkmals Y) in der Kontingenztabelle angeben.

Zur Lösung des Beispiels betrachten wir (10.15) als Testgröße und berechnen den Wert $\chi^2 = 9{,}08$ (vgl. Arbeitstabelle 5.9).

- Bei einer Irrtumswahrscheinlichkeit von 5 % finden wir aus Tafel 5 im Anhang einen kritischen Wert, der den Nichtablehnungsbereich vom Ablehnungsbereich trennt, von $\chi_c^2 = 7{,}81$.
- Da $\chi^2 = 9{,}08 > 7{,}81 = \chi_c^2$, wird die Hypothese der Unabhängigkeit verworfen.
- Bei einer Irrtumswahrscheinlichkeit von 1 % finden wir einen kritischen Wert von $\chi_c^2 = 11{,}3$.
- Da $\chi^2 = 9{,}08 < 11{,}3 = \chi_c^2$, kann die Hypothese der Unabhängigkeit nicht verworfen werden.

Teil 3:
Multiple-Choice-Aufgaben

Multiple-Choice-Fragen mit Lösungen

Von den Antworten können beliebig viele richtig oder falsch sein.

Zu Kapitel 1

Aufgabe 1
Das Merkmal „Zeitdauer eines Telefongesprächs"

a) ist diskret, aber metrisch skaliert
b) ist stetig und metrisch skaliert
c) ist ein qualitatives Merkmal
d) ist diskret, wenn man nur auf eine Sekunde genau messen kann

Richtige Lösung: b

Aufgabe 2
Ein Histogramm

a) wird zur Darstellung eines stetigen Merkmals verwendet
b) kann nur bei gleichen Klassenbreiten verwendet werden
c) kann bei einem stetigen Merkmal durch eine Häufigkeitspolygon ersetzt werden
d) gibt die historische Entwicklung eines Merkmals an

Richtige Lösungen: a, c

Aufgabe 3
Unter „Häufigkeitsdichte" versteht man

© Springer Fachmedien Wiesbaden GmbH, ein Teil von Springer Nature 2020
J. Puhani, *Statistik*, https://doi.org/10.1007/978-3-658-28955-3_12

a) die Flächen der Rechtecke eines Histogramms
b) die Häufigkeit pro definiertem Einheitsintervall
c) den Quotienten aus Häufigkeit und Klassenbreite
d) die Maßzahl für die Höhe der Rechtecke eines Histogramms

Richtige Lösungen: b, c, d

Aufgabe 4
Die Summenhäufigkeitsfunktion

a) erhält man durch Aufsummieren der Merkmalsausprägungen
b) gibt die Anzahl bzw. den Anteil derjenigen Untersuchungseinheiten an, die eine Merkmalsausprägung von höchstens x haben
c) kann niemals negative Werte annehmen
d) ist bei einer klassierten Häufigkeitsverteilung eines stetigen Merkmals so zu zeichnen, dass die Summenhäufigkeiten den Klassenmitten zugeordnet werden

Richtige Lösungen: b, c

Aufgabe 5
Eine Konzentrationskurve (Lorenzkurve)

a) erhält man durch Kumulieren der Summenhäufigkeiten
b) gibt das Integral der Gleichverteilungsgeraden an
c) gibt die Stärke der Ungleichheit in der Verteilung der Merkmalsträger auf die Merkmalsausprägungen an
d) ist mit der Gleichverteilungsgeraden identisch, wenn die kumulierten Merkmalsausprägungen auf nur einen Merkmalsträger konzentriert sind

Richtige Lösung: c

Aufgabe 6
Längsschnittdaten

a) sind Merkmalsausprägungen, die im Zeitablauf betrachtet werden
b) beschreiben einen Zustand (z. B. die Altersstruktur von Beschäftigten) an einem Stichtag
c) können bei Bestandsmassen grafisch als Zeitreihenpolygon oder Streifendiagramm dargestellt werden
d) können bei Bewegungsmassen als Zeitreihenpolygon oder Rechteckdiagramm dargestellt werden

Richtige Lösungen: a, c, d

Zu Kapitel 2

Aufgabe 1
Das arithmetische Mittel

a) hat die Eigenschaft, dass die Summe der Abweichungen der Merkmalsausprägungen vom arithmetischen Mittel gleich Null ist
b) der Merkmalsausprägungen einer Klasse entspricht immer dem arithmetischen Mittel der Klassengrenzen dieser Klasse
c) ist bei einer symmetrischen Häufigkeitsverteilung mit dem Zentralwert (Median) identisch
d) kann nur bei einer metrischen Skala verwendet werden

Richtige Lösungen: a, c, d

Aufgabe 2
Der Zentralwert (Median)

a) kann bei ordinal und auch bei metrisch skalierten Merkmalen angewandt werden
b) ist immer kleiner als das arithmetische Mittel
c) hat die Eigenschaft, dass die Summe der Abweichungen der Merkmalsausprägungen vom Zentralwert gleich Null ist
d) ist bei einer Gleichverteilung und einer Normalverteilung mit dem arithmetischen Mittel identisch

Richtige Lösungen: a, d

Aufgabe 3
Das geometrische Mittel

a) kann zur Berechnung der durchschnittlichen Wachstumsrate auch dann verwendet werden, wenn eine oder mehrere der gegebenen Wachstumsraten negativ sind
b) der Wachstumsfaktoren kann auch kleiner als 1 sein
c) hat immer einen positiven Wert
d) aus den Werten 9 und 1 ergibt den Wert 3

Richtige Lösungen: a, b, c, d

Zu Kapitel 3

Aufgabe 1
Die Varianz

a) ist ein arithmetisches Mittel

b) kann bei negativen Merkmalsausprägungen auch kleiner als die Standardabweichung sein

c) ist nur berechenbar, wenn die Einzelwerte zu einer Häufigkeitsverteilung aufbereitet werden

d) der metrisch skalierten Merkmalsausprägungen 1; 2; 3; 4; 5 ist kleiner als die Varianz der metrisch skalierten Merkmalsausprägungen 2; 3; 4; 5; 6

Richtige Lösung: a

Aufgabe 2
Die Standardabweichung

a) ist die Wurzel aus der Varianz

b) kann auch einen negativen Wert annehmen

c) setzt mindestens eine Ordinalskala voraus

d) hat bei der Standardnormalverteilung den Wert 1

Richtige Lösungen: a, d

Aufgabe 3
Der Variationskoeffizient

a) ist eine dimensionslose (einheitsfreie) Maßzahl zur Messung der Streuung von verhältnisskalierten Merkmalsausprägungen

b) ist eine Maßzahl für die Stärke des Zusammenhangs von Merkmalen

c) ist ein geeignetes Maß zum Vergleich von Streuungen verschiedener Grundgesamtheiten

d) misst im Gegensatz zur Standardabweichung die Streuung nicht absolut, sondern in Relation zum arithmetischen Mittel

Richtige Lösungen: a, c, d

Zu Kapitel 4

Aufgabe 1
Der Preisindex nach Laspeyres

a) unterstellt, dass im jeweiligen Berichtsjahr dieselben Güter gekauft worden wären wie im Basisjahr

b) wird zur Berechnung von Preisindizes für die Lebenshaltung verwendet

c) wird nur dann verwendet, wenn die Preise der Basisperiode unbekannt sind

d) wird von der amtlichen Statistik sehr häufig angewandt

Richtige Lösungen: a, b, d

Aufgabe 2

Der Preisindex nach Paasche

a) unterstellt, dass im jeweiligen Berichtsjahr dieselben Güter gekauft worden wären wie im Basisjahr
b) unterstellt, dass in der Basisperiode bereits dieselben Güter gekauft worden wären wie in der Berichtsperiode
c) wird nur dann verwendet, wenn die Preise in der Basisperiode unbekannt sind
d) unterscheidet sich vom Preisindex nach Laspeyres dadurch, dass die Gewichtung der Preisverhältnisse unterschiedlich erfolgt

Richtige Lösungen: b, d

Aufgabe 3

Der Harmonisierte Verbraucherpreisindex (HVPI)

a) erleichtert in der EU durch verbindliche Regeln Vergleiche der nationalen Inflationsraten
b) lässt für die nationalen HVPIs verschieden Wägungsschemata und Warenkörbe zu, um den nationalen Verbrauchergewohnheiten gerecht zu werden
c) wird für Deutschland durch das Statistische Bundesamt berechnet
d) wird für die gesamte EU sowie für die EURO-Zone vom Europäischen Statistikamt (EUROSTAT) als HVPI-Gesamtindex der nationalen HVPIs errechnet, wobei der private Verbrauch aus den nationalen volkswirtschaftlichen Gesamtrechnungen jeweils als Gewicht herangezogen wird

Richtige Lösungen: a, b, c, d

Zu Kapitel 5

Aufgabe 1

Der Korrelationskoeffizient (nach Bravais-Pearson)

a) kann auch bei ordinal und nominal skalierten Merkmalen angewandt werden
b) gibt an, wie straff ein linearer Zusammenhang zwischen zwei metrisch skalierten Merkmalen ist
c) kann ausschließlich positive Werte annehmen
d) ist das Quadrat des Variationskoeffizienten

Richtige Lösung: b

Aufgabe 2

Die Regressionskoeffizienten bei linearer Einfachregression

a) geben die Stärke des Zusammenhangs zwischen den Merkmalen X und Y an
b) geben den Achsenabschnitt und die Steigung der Regressionsgeraden an

c) werden durch die Methode der kleinsten Quadrate bestimmt

d) lassen sich mit Hilfe der Integralrechnung ermitteln

Richtige Lösungen: b, c

Aufgabe 3

Die Methode der kleinsten Quadrate

a) besteht darin, dass die Summe der quadrierten Reste gleich Null gesetzt wird

b) liefert bei linearer Einfachregression diejenige Gerade, die sich optimal an die gegebener Punktwolke anpasst

c) kann zur Berechnung der Varianz verwendet werden

d) liefert diejenigen Regressionskoeffizienten, mit Hilfe derer die Schätzwerte für den Regressanden ermittelt werden

Richtige Lösungen: b, d

Aufgabe 4

Nichtlineare Beziehungen zwischen Regressor (erklärende Variable) und Regressand (Zielgröße)

a) können auch durch einen Ansatz zum Ausdruck gebracht werden, in den der Regressor als Inverse eingeht

b) können gegebenenfalls durch logarithmische Transformation in eine lineare Beziehung gebracht werden

c) wären dann sinnvoll durch eine Exponentialfunktion anzupassen, wenn gleich bleibende Wachstumsraten der Zielgröße zu erwarten sind

d) lassen die Anwendung der Methode der kleinsten Quadrate nicht zu

Richtige Lösungen: a, b, c

Zu Kapitel 6

Aufgabe 1

Saisonschwankungen

a) sind zyklische Bewegungen, die sich im Jahresrhythmus ziemlich regelmäßig wiederholen

b) sind konjunkturbedingt

c) können z. B. durch Werksferien, Feiertage, Witterung sowie von der Jahreszeit abhängige Nachfragewellen bedingt sein

d) können auch durch ein einfaches Verfahren mit Hilfe geeigneter gleitender Durchschnitte eliminiert werden

Richtige Lösungen: a, c, d

Aufgabe 2

Eine saisonbereinigte Reihe

a) enthält nur noch die Konjunktur- und irreguläre Komponente

b) erhält man bei einem additiven Zeitreihenansatz dadurch, dass man den Saisonindex zu den Ursprungswerten addiert

c) gibt an, welches Niveau die Ursprungsdaten ohne Saisoneinflüsse gehabt hätten

d) weist stets niedrigere Werte als die Ursprungsreihe aus

Richtige Antwort: c

Aufgabe 3

Die Trendkomponente einer Zeitreihe

a) kann durch gleitende Viermonats- oder gleitende Zwölfmonatsdurchschnitte ermittelt werden

b) kann durch gleitende Fünfjahresdurchschnitte ermittelt werden

c) kann mit Hilfe der Methode der kleinsten Quadrate ermittelt werden

d) kann durch eine l i n e a r e Trendfunktion beschrieben werden, wenn monoton abnehmende Wachstumsraten vorliegen

Richtige Lösungen: b, c, d

Zu Kapitel 7

Aufgabe 1

Der Binomialkoeffizient

a) gibt die Anzahl der Kombinationen n-ter Ordnung aus N Elementen ohne Wiederholung und ohne Berücksichtigung der Reihenfolge an

b) gibt die Anzahl der Möglichkeiten der Anordnung von n Elementen an

c) wird bei der Poissonverteilung benötigt

d) wird bei der hypergeometrischen Verteilung benötigt

Richtige Lösungen: a, d

Aufgabe 2

Die Anzahl der Kombinationen n-ter Ordnung aus N Elementen

a) ist bei Kombinationen ohne Wiederholung und ohne Berücksichtigung der Reihenfolge größer als bei Kombinationen mit Wiederholung und ohne Berücksichtigung der Reihenfolge

b) ist bei Kombinationen mit Berücksichtigung der Reihenfolge größer als ohne Berücksichtigung der Reihenfolge

c) beträgt beim deutschen Lotto (6 aus 49) 13 983 816

d) beträgt bei Kombinationen ohne Wiederholung und mit Berücksichtigung der Reihenfolge 12, wenn n=2 und N=4

Richtige Lösungen: b, c, d

Aufgabe 3
Die Anzahl der Permutationen von n verschiedenen Elementen

a) beträgt 24, wenn n=4

b) gibt die Anzahl der Möglichkeiten der Anordnung von n Elementen an

c) ist mit der Anzahl der Kombinationen mit Berücksichtigung der Reihenfolge identisch

d) erhält man durch Berechnung von n!

Richtige Lösungen: a, b, d

Zu Kapitel 8

Aufgabe 1
Die Menge der zufälligen Ereignisse

a) ist die Menge der Elementarereignisse

b) enthält auch das sichere Ereignis

c) ist die Menge aller Teilmengen der Menge der Elementarereignisse

d) lässt sich durch den Multiplikationssatz berechnen

Richtige Lösungen: b, c

Aufgabe 2
Die Laplace'sche Definition der Wahrscheinlichkeit

a) ist immer anwendbar

b) ist nur anwendbar, wenn keine Zufallsexperimente vorliegen

c) ist nur anwendbar, wenn die Elementarereignisse unendlich und gleichmöglich sind

d) ist nur anwendbar, wenn die Elementarereignisse endlich und gleichmöglich sind

Richtige Lösung: d

Aufgabe 3
Die Wahrscheinlichkeit dafür, aus der Menge der Buchstaben des deutschen Alphabets bei Ziehungen ohne Zurücklegen das Wort WUNDER zu ziehen

a) ergibt 0,000000003

b) ergibt 0

c) ergibt 0,000000006

d) ergibt 0,000021433

Richtige Lösung: c

Aufgabe 4

Der allgemeine Additionssatz für zwei Ereignisse A und B

a) kann n u r dann angewendet werden, wenn A und B keine gemeinsamen Elemente haben

b) liefert die Wahrscheinlichkeit dafür, dass A oder B eintritt

c) wird zur Berechnung der bedingten Wahrscheinlichkeit W(B|A) benötigt

d) liefert ein Resultat, das zwischen 0 und 1 liegt

Richtige Lösungen: b, d

Aufgabe 5

Der spezielle Multiplikationssatz

a) gilt für unabhängige Ereignisse

b) wird durch Addition der Einzelwahrscheinlichkeiten ermittelt

c) kann auch für drei oder mehr unabhängige Ereignisse berechnet werden

d) kommt nur dann zur Anwendung, wenn sich die zufälligen Ereignisse einander paarweise ausschließen und die Menge der der Elementarereignisse ausschöpfen

Richtige Lösung: a, c

Aufgabe 6

Die totale Wahrscheinlichkeit für ein beliebiges Ereignis B

a) nennt man Formel von Bayes

b) steht im Nenner der Formel von Bayes

c) ist mit einer revidierten (a-posteriori-) Wahrscheinlichkeit identisch

d) kann dann berechnet werden, wenn die Ereignisse A1, A2, …An ein vollständiges System bilden

Richtige Lösungen: b, d

Zu Kapitel 9

Aufgabe 1

Zufallsvariable

a) sind Variable im Sinne der Analysis

b) sind Wahrscheinlichkeitsfunktionen

c) sind reelle Funktionen, die speziell auf die Menge aller Elementarereignisse definiert sind

d) können diskret oder stetig sein

Richtige Lösungen: c, d

Aufgabe 2
Eine diskrete Verteilungsfunktion

a) gibt an, wie groß die Wahrscheinlichkeit ist, dass die diskrete Zufallsvariable X einen Wert von höchstens x annimmt

b) gibt an, wie groß die Wahrscheinlichkeit ist, dass die Zufallsvariable X genau den Wert x annimmt

c) erhält man durch Integration der Dichtefunktion

d) hat die Form einer Treppenkurve

Richtige Lösungen: a, d

Aufgabe 3
Die Verteilungsfunktion einer normalverteilten Zufallsvariablen X

a) erhält man durch Differenzieren der Dichtefunktion

b) erhält man durch Integrieren der Dichtefunktion

c) hat zwei Wendepunkte

d) kann höchstens den Wert 1 annehmen

Richtige Lösungen: b, d

Aufgabe 4
Eine standardnormalverteilte Zufallsvariable

a) hat keine Verteilungsfunktion

b) hat einen Erwartungswert von Null

c) hat eine Varianz von 1

d) hat eine Dichtefunktion mit der Gesamtfläche 1

Richtige Lösungen: b, c, d

Aufgabe 5
Eine binomialverteilte Zufallsvariable

a) hat einen Erwartungswert von Null

b) kann bei unabhängigen Zufallsexperimenten angewandt werden, bei denen bei einmaliger Ausführung nur zwei Elementarereignisse möglich sind

c) kann bei bestimmten Voraussetzungen durch die Normalverteilung approximiert werden

d) hat zwei Parameter

Richtige Lösungen: b, c, d

Aufgabe 6

Die Studentverteilung (t-Verteilung)

a) hat denselben Erwartungswert wie die Standardnormalverteilung
b) kann unter bestimmten Voraussetzungen durch die Standardnormalverteilung approximiert werden
c) kann unter bestimmten Voraussetzungen zur Schätzung von Vertrauensbereichen genutzt werden
d) wird in Fällen benötigt, in denen die Standardabweichung einer normalverteilten Zufallsvariablen nicht gegeben ist, sondern durch die Stichprobenstandardabweichung ersetzt werden muss

Richtige Lösungen: a, b, c, d

Zu Kapitel 10

Aufgabe 1

Die Länge eines Vertrauensbereichs (Konfidenzintervalls) für Parameter einer Grundgesamtheit

a) hängt vom vorgegebenen Sicherheitsgrad (der vorgegebenen Konfidenzzahl) ab
b) ist ceteris paribus umso größer, je größer der Stichprobenumfang ist
c) ist ceteris paribus umso kleiner, je kleiner die Standardabweichung der Grundgesamtheit ist
d) kann nur bei Stichproben mit Zurücklegen berechnet werden

Richtige Lösungen: a, c

Aufgabe 2

Bei vorgegebenem Sicherheitsgrad steigt der notwendige Stichprobenumfang für Stichproben mit Zurücklegen

a) um das Doppelte, wenn der absolute Fehler der Schätzung halbiert werden soll
b) um das Vierfache, wenn der absolute Fehler der Schätzung halbiert werden soll
c) überhaupt nicht, wenn der absolute Fehler der Schätzung halbiert werden soll
d) um 50 %, wenn der absolute Fehler der Schätzung halbiert werden soll

Richtige Lösung: b

Aufgabe 3:

Beim Testen von Hypothesen

a) kann man eine Fehler ersten oder zweiten Typs machen
b) hängt der kritische Bereich (Ablehnungsbereich) vom Signifikanzniveau ab

c) unterscheidet man zweiseitige und einseitige Testverfahren

d) unterscheidet man unter anderem in Parametertests und Verteilungstests

Richtige Lösungen: a, b, c, d

Aufgabe 4

Unter Signifikanzniveau versteht man

a) den Wert der Trefferwahrscheinlichkeit

b) die Wahrscheinlichkeit, die Prüfhypothese anzunehmen, wenn sie falsch ist

c) die Wahrscheinlichkeit, die Prüfhypothese zu verwerfen, obwohl sie wahr ist

d) die Wahrscheinlichkeit dafür, einen Fehler ersten Typs zu begehen

Richtige Lösungen: c, d

Aufgabe 5

Beim Testen einer Parameterhypothese

a) prüft man, ob eine bestimmte Verteilungsfunktion vorliegt

b) ist die Vorgabe eines Signifikanzniveaus erforderlich

c) kann man nur einen Fehler ersten Typs begehen

d) kann ein zweiseitiger oder ein einseitiger Test sinnvoll sein

Richtige Lösungen: b, d

Aufgabe 6

Es soll eine Hypothese für einen unbekannten Mittelwert getestet werden, und zwar eine Punkthypothese mit linksseitigem kritischen Bereich. Dann liegt die kritische Grenze, die den Ablehnungsbereich vom Nichtablehnungsbereich trennt, umso weiter vom behaupteten Mittelwert entfernt,

a) je größer das Signifikanzniveau ist

b) je größer der Stichprobenumfang ist

c) je größer die Standardabweichung der Schätzfunktion „Stichprobenmittel" ist

d) je kleiner die Irrtumswahrscheinlichkeit ist

Richtige Lösungen: c, d

Aufgabe 7

Die Chi-Quadrat-Verteilung

a) konvergiert gegen die Normalverteilung, wenn die Anzahl der Freiheitsgrade groß (>100) ist

b) hat den Mittelwert 0

c) hat eine symmetrische Dichtefunktion

d) wird bei einigen Testverfahren benötigt

Richtige Lösungen: a, d

Aufgabe 8

Bei einem Chi-Quadrat-Anpassungstest

a) werden Annahmen über Parameter von Grundgesamtheiten getestet
b) soll festgestellt werden, ob eine Zufallsvariable eine bestimmte Verteilung besitzt
c) wird getestet ob zwei Grundgesamtheiten denselben Mittelwert haben
d) lehnt man die Verteilungshypothese ab, wenn die Differenz zwischen beobachteten und theoretisch zu erwartenden Klassenhäufigkeiten zu groß wird

Richtige Lösungen: b, d

Aufgabe 9

Bei einem Chi-Quadrat-Unabhängigkeitstest

a) ist die Testgröße näherungsweise chi-quadrat-verteilt mit $(k-1)(l-1)$ Freiheitsgraden, wobei k die Anzahl der Zeilen und l die Anzahl der Spalten in der Kontingenztabelle angeben
b) hat man einen rechtsseitigen kritischen Bereich
c) beträgt der kritische Wert, der den Nichtablehnungs- vom Ablehnungsbereich trennt, bei einem Signifikanzniveau von 5 % und einer Kontingenztabelle mit 3 Zeilen und 3 Spalten 9,488
d) kann die Hypothese der Unabhängigkeit nicht verworfen werden, wenn der Wert der Testgröße kleiner ist als der kritische Wert

Richtige Lösungen: a, b, c, d

Literaturverzeichnis

Anderson, O., Popp, W., Schaffranek, M., Steinmetz, D., & Stenger, H. (1997): *Schätzen und Testen. Eine Einführung in die Wahrscheinlichkeitsrechnung und schließende Statistik.* Berlin: Springer.

Bleymüller, J., Weißbach, R., Gehlert, G., & Gülicher, H. (2015): *Statistik für Wirtschaftswissenschaftler.* München: Vahlen.

Bohley, P. (2000): *Statistik, Einführendes Lehrbuch für Wirtschafts- und Sozialwissenschaftler.* München: Oldenbourg.

Deutler, T., Schaffranek, M., & Steinmetz, D. (1988): *Statistik-Übungen im wirtschaftswissenschaftlichen Grundstudium.* Berlin: Springer.

Dürr, W., & Mayer, H. (2017): *Wahrscheinlichkeitsrechnung und Schließende Statistik.* München: Hanser.

Finze, F.-R., & Partzsch, L. (2017): *Grundlagen der Statistik. Für Soziologen, Pädagogen, Psychologen und Mediziner.* Haan: Europa-Lehrmittel.

Fisz, M. (1999): *Wahrscheinlichkeitsrechnung und Mathematische Statistik.* Berlin: Deutscher Verlag der Wissenschaften.

Greene, W. H. (2011): *Econometric Analysis.* Upper Saddle River N. J.: Prentice Hall.

Gujarati, D. N., & Porter, D. C. (2009): *Basic Econometrics.* Boston: McGraw-Hill Irwin.

Hartung, J., Elpelt, B., & Klösener, K.-H. (2009): *Statistik. Lehr- und Handbuch der angewandten Statistik.* München: Oldenbourg.

Hosmer Jr., D. W., Lemeshow, S., & Stardivant, R. X. (2013): *Applied Logistic Regression.* Hoboken N. J.: John Wiley.

Johnston, J., & DiNardo, J. (2007): *Econometric Methods.* New York: McGraw-Hill.

Kellerer, H. (1982): *Statistik im modernen Wirtschafts- und Sozialleben.* Hamburg: Rowohlt.

Kellerer, H. (1997): *Theorie und Technik des Stichprobenverfahrens.* Göttingen: Vandenhoeck + Ruprecht.

Kreyszig, E. (1998): *Statistische Methoden und ihre Anwendungen.* Göttingen: Vandenhoeck + Ruprecht.

Mayer, H. (2005): *Beschreibende Statistik.* München: Hanser.

Monka, M., Voß, W. (2008): *Statistik am PC. Lösungen mit Excel.* München: Hanser.

Puhani, J. (1978): Schätztheorie, Vertrauensbereiche, Testtheorie. In: P. Harff & M. Stöckmann (Hrsg.), *Gieseking-Übungshefte Bd. 16, Wirtschaftsstatistik.* Bielefeld/Köln: Gieseking.

© Springer Fachmedien Wiesbaden GmbH, ein Teil von Springer Nature 2020
J. Puhani, *Statistik*, https://doi.org/10.1007/978-3-658-28955-3

Puhani, J. (2012): Schätztheorie und Vertrauensbereiche. In: K. Scharnbacher (Hrsg.), *Statistikfälle im Betrieb*. Wiesbaden: Springer.

Puhani, J. (2009): *Volkswirtschaftslehre für Betriebswirte. Bachelor-Basiswissen*. München: Oldenbourg .

Puhani, J. (2020): *Kleine Formelsammlung zur Statistik*. Wiesbaden: Springer.

Puhani, P. A., & Weber, A. M. (2007): Does the Early Bird Catch the Worm? Instrumental Variable Estimates of Early Educational Effects of Age of School Entry in Germany. In: *Empirical Economics* 32, 359-386.

Provost, F., & Fawcett, T. (2013): *Data Science for Business: What You Need to Know About Data Mining and Data-Analytic Thinking*. Sebastopol CA: O'Reilly.

Reichardt, A. (2002): *Übungsprogramm zur Statistischen Methodenlehre*. Wiesbaden: Springer.

Reichardt, H., & Reichardt, A. (2002): *Statistische Methodenlehre für Wirtschaftswissenschaftler*. Wiesbaden: Springer.

Schaich, E., Köhle, D., Schweitzer, W., & Wegner, F. (1993): *Statistik für Volkswirte, Betriebswirte und Soziologen. Statistik I*. München: Vahlen.

Schaich, E., Köhle, D., Schweitzer, W., & Wegner, F. (1990): *Statistik für Volkswirte, Betriebswirte und Soziologen. Statistik II*. München: Vahlen.

Schaich, E. (1998): *Schätz- und Testmethoden für Sozialwissenschaftler*. München: Vahlen.

Scharnbacher, K. (2004): *Statistik im Betrieb. Lehrbuch mit praktischen Beispielen*. Wiesbaden: Springer.

Scharnbacher, K. (Hrsg.) (2012): *Statistikfälle im Betrieb*. Wiesbaden: Springer.

Schira, J. (2016): *Statistische Methoden der VWL und BWL: Theorie und Praxis*. München: Pearson Studium.

Schwarze, J. (2014): *Grundlagen der Statistik I. Beschreibende Verfahren*. Herne: NWB Verlag.

Schwarze, J. (2013): *Grundlagen der Statistik II. Wahrscheinlichkeitsrechnung und induktive Statistik*. Herne: NWB Verlag.

Shmueli, G., Bruce, B. C., Yahav, I., Patel, N. R., & Lichtendahl Jr., K. C. (2018): *Data Mining for Business Analytics, Concepts, Techniques, and Applications in R*. Hoboken NJ: John Wiley.

Spiegel, M. R., Stephens, L. J. (2003): *Statistik*. Bonn: Mitp-Verlag.

Stenger, H. (1986): *Stichproben*. Heidelberg: Physica.

Wetzel, W. (1971): *Statistische Grundausbildung für Wirtschaftswissenschaftler. I. Beschreibende Statistik*. Berlin: De Gruyter.

Wetzel, W. (1973): *Statistische Grundausbildung für Wirtschaftswissenschaftler. II. Schließende Statistik*. Berlin: De Gruyter.

Yamane, T. (1987): *Statistik. Ein einführendes Lehrbuch, Band 1 und 2*. Frankfurt a. M.: Fischer.

Zysno, P. V. 1997: The Modification of the Phi-coefficient Reducing its Dependence on the Marginal Distributions. In: *Methods of Psychological Research Online* 2(1), 41–52.

Tafelanhang

Quellenhinweis

Die Tafeln 2 und 3 sowie 5 und 6 wurden auszugsweise und ohne Übernahme der dort verwendeten Graphik, Symbolik und erläuternden Überschrift entnommen aus Bleymüller/Gehlert, Statistische Formeln, Tabellen und Programme, Verlag Vahlen 1999; Tafel 4 wurde in veränderter Form entnommen aus Kreyszig, Statistische Methoden und ihre Anwendungen, Verlag Vandenhoeck & Ruprecht 1991.

© Springer Fachmedien Wiesbaden GmbH, ein Teil von Springer Nature 2020
J. Puhani, *Statistik*, https://doi.org/10.1007/978-3-658-28955-3

Tafel 1 Einige Zufallsziffern

38	69	94	97	10	44	56	85	46	88	56	42	65	58	20
97	58	55	20	12	87	39	84	32	23	26	91	01	96	26
84	00	87	34	47	31	23	12	64	75	89	28	38	15	91
11	52	38	78	94	32	47	35	02	67	39	76	89	97	16
23	03	36	33	51	99	76	66	29	19	92	50	92	15	71
09	15	95	74	87	09	63	82	60	29	84	57	45	80	07
55	75	91	36	57	38	30	89	64	42	01	84	83	12	79
84	62	28	92	42	03	92	37	46	19	90	75	68	48	49
79	25	70	07	80	85	32	53	87	11	33	79	14	20	04
40	10	91	52	27	21	18	64	61	04	85	55	16	90	71
93	18	86	63	72	22	53	44	73	66	30	06	46	04	79
63	71	69	30	23	13	85	77	05	07	67	39	56	52	60
05	29	95	78	06	10	41	62	18	37	42	91	98	43	33
67	04	47	90	89	64	25	22	36	41	99	59	15	43	86
75	50	83	24	46	80	76	77	34	16	02	05	06	28	86
68	82	44	11	74	77	20	57	00	22	40	99	06	12	45
51	38	78	69	65	25	98	73	40	31	12	08	67	51	76
08	44	37	01	53	59	67	11	96	53	16	98	16	52	52
98	41	81	63	70	58	43	39	93	18	54	46	72	33	01
17	30	92	82	09	42	37	88	43	35	11	54	66	05	61

Tafel 2 Binomialverteilung

Werte der Wahrscheinlichkeitsfunktion für gegebene x, n und p

n	x	p								
		0.01	0.05	0.10	0.15	0.20	0.25	0.30	0.40	0.50
1	0	0.9900	0.9500	0.9000	0.8500	0.8000	0.7500	0.7000	0.6000	0.5000
	1	0.0100	0.0500	0.1000	0.1500	0.2000	0.2500	0.3000	0.4000	0.5000
2	0	0.9801	0.9025	0.8100	0.7225	0.6400	0.5625	0.4900	0.3600	0.2500
	1	0.0198	0.0950	0.1800	0.2550	0.3200	0.3750	0.4200	0.4800	0.5000
	2	0.0001	0.0025	0.0100	0.0225	0.0400	0.0625	0.0900	0.1600	0.2500
3	0	0.9703	0.8574	0.7290	0.6141	0.5120	0.4219	0.3430	0.2160	0.1250
	1	0.0294	0.1354	0.2430	0.3251	0.3840	0.4219	0.4410	0.4320	0.3750
	2	0.0003	0.0071	0.0270	0.0574	0.0960	0.1406	0.1890	0.2880	0.3750
	3	0.0000	0.0001	0.0010	0.0034	0.0080	0.0156	0.0270	0.0640	0.1250
4	0	0.9606	0.8145	0.6561	0.5220	0.4096	0.3164	0.2401	0.1296	0.0625
	1	0.0388	0.1715	0.2916	0.3685	0.4096	0.4219	0.4116	0.3456	0.2500
	2	0.0006	0.0135	0.0486	0.0975	0.1536	0.2109	0.2646	0.3456	0.3750
	3	0.0000	0.0005	0.0036	0.0115	0.0256	0.0469	0.0756	0.1536	0.2500
	4	0.0000	0.0000	0.0001	0.0005	0.0016	0.0039	0.0081	0.0256	0.0625
5	0	0.9510	0.7738	0.5905	0.4437	0.3277	0.2373	0.1681	0.0778	0.0313
	1	0.0480	0.2036	0.3280	0.3915	0.4096	0.3955	0.3601	0.2592	0.1563
	2	0.0010	0.0214	0.0729	0.1382	0.2048	0.2637	0.3087	0.3456	0.3125
	3	0.0000	0.0011	0.0081	0.0244	0.0512	0.0879	0.1323	0.2304	0.3125
	4	0.0000	0.0000	0.0004	0.0022	0.0064	0.0146	0.0283	0.0768	0.1563
	5	0.0000	0.0000	0.0000	0.0001	0.0003	0.0010	0.0024	0.0102	0.0313
6	0	0.9415	0.7351	0.5314	0.3771	0.2621	0.1780	0.1176	0.0467	0.0156
	1	0.0571	0.2321	0.3543	0.3993	0.3932	0.3560	0.3025	0.1866	0.0937
	2	0.0014	0.0305	0.0984	0.1762	0.2458	0.2966	0.3241	0.3110	0.2344
	3	0.0000	0.0021	0.0146	0.0415	0.0819	0.1318	0.1852	0.2765	0.3125
	4	0.0000	0.0001	0.0012	0.0055	0.0154	0.0330	0.0595	0.1382	0.2344
	5	0.0000	0.0000	0.0001	0.0004	0.0015	0.0044	0.0102	0.0369	0.0937
	6	0.0000	0.0000	0.0000	0.0000	0.0001	0.0002	0.0007	0.0041	0.0156
7	0	0.9321	0.6983	0.4783	0.3206	0.2097	0.1335	0.0824	0.0280	0.0078
	1	0.0659	0.2573	0.3720	0.3960	0.3670	0.3115	0.2471	0.1306	0.0547
	2	0.0020	0.0406	0.1240	0.2097	0.2753	0.3115	0.3177	0.2613	0.1641
	3	0.0000	0.0036	0.0230	0.0617	0.1147	0.1730	0.2269	0.2903	0.2734
	4	0.0000	0.0002	0.0026	0.0109	0.0287	0.0577	0.0972	0.1935	0.2734
	5	0.0000	0.0000	0.0002	0.0012	0.0043	0.0115	0.0250	0.0774	0.1641
	6	0.0000	0.0000	0.0000	0.0001	0.0004	0.0013	0.0036	0.0172	0.0547
	7	0.0000	0.0000	0.0000	0.0000	0.0000	0.0001	0.0002	0.0016	0.0078

Tafel 2   Binomialverteilung (Fortsetzung)

n	x	p								
		0.01	0.05	0.10	0.15	0.20	0.25	0.30	0.40	0.50
8	0	0.9227	0.6634	0.4305	0.2725	0.1678	0.1001	0.0576	0.0168	0.0039
	1	0.0746	0.2793	0.3826	0.3847	0.3355	0.2670	0.1977	0.0896	0.0312
	2	0.0026	0.0515	0.1488	0.2376	0.2936	0.3115	0.2965	0.2090	0.1094
	3	0.0001	0.0054	0.0331	0.0839	0.1468	0.2076	0.2541	0.2787	0.2187
	4	0.0000	0.0004	0.0046	0.0185	0.0459	0.0865	0.1361	0.2322	0.2734
	5	0.0000	0.0000	0.0004	0.0026	0.0092	0.0231	0.0467	0.1239	0.2187
	6	0.0000	0.0000	0.0000	0.0002	0.0011	0.0038	0.0100	0.0413	0.1094
	7	0.0000	0.0000	0.0000	0.0000	0.0001	0.0004	0.0012	0.0079	0.0312
	8	0.0000	0.0000	0.0000	0.0000	0.0000	0.0000	0.0001	0.0007	0.0039
9	0	0.9135	0.6302	0.3874	0.2316	0.1342	0.0751	0.0404	0.0101	0.0020
	1	0.0830	0.2985	0.3874	0.3679	0.3020	0.2253	0.1556	0.0605	0.0176
	2	0.0034	0.0629	0.1722	0.2597	0.3020	0.3003	0.2668	0.1612	0.0703
	3	0.0001	0.0077	0.0446	0.1069	0.1762	0.2336	0.2668	0.2508	0.1641
	4	0.0000	0.0006	0.0074	0.0283	0.0661	0.1168	0.1715	0.2508	0.2461
	5	0.0000	0.0000	0.0008	0.0050	0.0165	0.0389	0.0735	0.1672	0.2461
	6	0.0000	0.0000	0.0001	0.0006	0.0028	0.0087	0.0210	0.0743	0.1641
	7	0.0000	0.0000	0.0000	0.0000	0.0003	0.0012	0.0039	0.0212	0.0703
	8	0.0000	0.0000	0.0000	0.0000	0.0000	0.0001	0.0004	0.0035	0.0176
	9	0.0000	0.0000	0.0000	0.0000	0.0000	0.0000	0.0000	0.0003	0.0020
10	0	0.9044	0.5987	0.3487	0.1969	0.1074	0.0563	0.0282	0.0060	0.0010
	1	0.0914	0.3151	0.3874	0.3474	0.2684	0.1877	0.1211	0.0403	0.0098
	2	0.0042	0.0746	0.1937	0.2759	0.3020	0.2816	0.2335	0.1209	0.0439
	3	0.0001	0.0105	0.0574	0.1298	0.2013	0.2503	0.2668	0.2150	0.1172
	4	0.0000	0.0010	0.0112	0.0401	0.0881	0.1460	0.2001	0.2508	0.2051
	5	0.0000	0.0001	0.0015	0.0085	0.0264	0.0584	0.1029	0.2007	0.2461
	6	0.0000	0.0000	0.0001	0.0012	0.0055	0.0162	0.0368	0.1115	0.2051
	7	0.0000	0.0000	0.0000	0.0001	0.0008	0.0031	0.0090	0.0425	0.1172
	8	0.0000	0.0000	0.0000	0.0000	0.0001	0.0004	0.0014	0.0106	0.0439
	9	0.0000	0.0000	0.0000	0.0000	0.0000	0.0000	0.0001	0.0016	0.0098
	10	0.0000	0.0000	0.0000	0.0000	0.0000	0.0000	0.0000	0.0001	0.0010

Tafel 3   Poissonverteilung

Werte der Wahrscheinlichkeitsfunktion für gegebene x und μ

x \ μ	0.005	0.010	0.020	0.030	0.040	0.050	0.060	0.070	0.080
0	0.9950	0.9900	0.9802	0.9704	0.9608	0.9512	0.9418	0.9324	0.9231
1	0.0050	0.0099	0.0196	0.0291	0.0384	0.0476	0.0565	0.0653	0.0738
2	0.0000	0.0000	0.0002	0.0004	0.0008	0.0012	0.0017	0.0023	0.0030
3	0.0000	0.0000	0.0000	0.0000	0.0000	0.0000	0.0000	0.0001	0.0001

x \ μ	0.090	0.100	0.150	0.200	0.300	0.400	0.500	0.600	0.700
0	0.9139	0.9048	0.8607	0.8187	0.7408	0.6703	0.6065	0.5488	0.4966
1	0.0823	0.0905	0.1291	0.1637	0.2222	0.2681	0.3033	0.3293	0.3476
2	0.0037	0.0045	0.0097	0.0164	0.0333	0.0536	0.0758	0.0988	0.1217
3	0.0001	0.0002	0.0005	0.0011	0.0033	0.0072	0.0126	0.0198	0.0284
4	0.0000	0.0000	0.0000	0.0001	0.0003	0.0007	0.0016	0.0030	0.0050
5	0.0000	0.0000	0.0000	0.0000	0.0000	0.0001	0.0002	0.0004	0.0007
6	0.0000	0.0000	0.0000	0.0000	0.0000	0.0000	0.0000	0.0000	0.0001

x \ μ	0.800	0.900	1.000	1.100	1.200	1.300	1.400	1.500	1.600
0	0.4493	0.4066	0.3679	0.3329	0.3012	0.2725	0.2466	0.2231	0.2019
1	0.3595	0.3659	0.3679	0.3662	0.3614	0.3543	0.3452	0.3347	0.3230
2	0.1438	0.1647	0.1839	0.2014	0.2169	0.2303	0.2417	0.2510	0.2584
3	0.0383	0.0494	0.0613	0.0738	0.0867	0.0998	0.1128	0.1255	0.1378
4	0.0077	0.0111	0.0153	0.0203	0.0260	0.0324	0.0395	0.0471	0.0551
5	0.0012	0.0020	0.0031	0.0045	0.0062	0.0084	0.0111	0.0141	0.0176
6	0.0002	0.0003	0.0005	0.0008	0.0012	0.0018	0.0026	0.0035	0.0047
7	0.0000	0.0000	0.0001	0.0001	0.0002	0.0003	0.0005	0.0008	0.0011
8	0.0000	0.0000	0.0000	0.0000	0.0000	0.0001	0.0001	0.0001	0.0002

x \ μ	1.700	1.800	1.900	2.000	2.100	2.200	2.300	2.400	2.500
0	0.1827	0.1653	0.1496	0.1353	0.1225	0.1108	0.1003	0.0907	0.0821
1	0.3106	0.2975	0.2842	0.2707	0.2572	0.2438	0.2306	0.2177	0.2052
2	0.2640	0.2678	0.2700	0.2707	0.2700	0.2681	0.2652	0.2613	0.2565
3	0.1496	0.1607	0.1710	0.1804	0.1890	0.1966	0.2033	0.2090	0.2138
4	0.0636	0.0723	0.0812	0.0902	0.0992	0.1082	0.1169	0.1254	0.1336
5	0.0216	0.0260	0.0309	0.0361	0.0417	0.0476	0.0538	0.0602	0.0668
6	0.0061	0.0078	0.0098	0.0120	0.0146	0.0174	0.0206	0.0241	0.0278
7	0.0015	0.0020	0.0027	0.0034	0.0044	0.0055	0.0068	0.0083	0.0099
8	0.0003	0.0005	0.0006	0.0009	0.0011	0.0015	0.0019	0.0025	0.0031
9	0.0001	0.0001	0.0001	0.0002	0.0003	0.0004	0.0005	0.0007	0.0009
10	0.0000	0.0000	0.0000	0.0000	0.0001	0.0001	0.0001	0.0002	0.0002
11	0.0000	0.0000	0.0000	0.0000	0.0000	0.0000	0.0000	0.0000	0.0000

Tafel 3   Poissonverteilung (Fortsetzung)

x \ μ	2.600	2.700	2.800	2.900	3.000	3.100	3.200	3.300	3.400
0	0.0743	0.0672	0.0608	0.0550	0.0498	0.0450	0.0408	0.0369	0.0334
1	0.1931	0.1815	0.1703	0.1596	0.1494	0.1397	0.1304	0.1217	0.1135
2	0.2510	0.2450	0.2384	0.2314	0.2240	0.2165	0.2087	0.2008	0.1929
3	0.2176	0.2205	0.2225	0.2237	0.2240	0.2237	0.2226	0.2209	0.2186
4	0.1414	0.1488	0.1557	0.1622	0.1680	0.1733	0.1781	0.1823	0.1858+
5	0.0735	0.0804	0.0872	0.0940	0.1008	0.1075	0.1140	0.1203	0.1264
6	0.0319	0.0362	0.0407	0.0455	0.0504	0.0555	0.0608	0.0662	0.0716
7	0.0118	0.0139	0.0163	0.0188	0.0216	0.0246	0.0278	0.0312	0.0348
8	0.0038	0.0047	0.0057	0.0068	0.0081	0.0095	0.0111	0.0129	0.0148
9	0.0011	0.0014	0.0018	0.0022	0.0027	0.0033	0.0040	0.0047	0.0056
10	0.0003	0.0004	0.0005	0.0006	0.0008	0.0010	0.0013	0.0016	0.0019
11	0.0001	0.0001	0.0001	0.0002	0.0002	0.0003	0.0004	0.0005	0.0006
12	0.0000	0.0000	0.0000	0.0000	0.0001	0.0001	0.0001	0.0001	0.0002
13	0.0000	0.0000	0.0000	0.0000	0.0000	0.0000	0.0000	0.0000	0.0000

x \ μ	3.500	3.600	3.700	3.800	3.900	4.000	4.500	5.000	5.500
0	0.0302	0.0273	0.0247	0.0224	0.0202	0.0183	0.0111	0.0067	0.0041
1	0.1057	0.0984	0.0915	0.0850	0.0789	0.0733	0.0500	0.0337	0.0225
2	0.1850	0.1771	0.1692	0.1615	0.1539	0.1465	0.1125	0.0842	0.0818
3	0.2158	0.2125	0.2087	0.2046	0.2001	0.1954	0.1687	0.1404	0.1133
4	0.1888	0.1912	0.1931	0.1944	0.1951	0.1954	0.1898	0.1755	0.1558
5	0.1322	0.1377	0.1429	0.1477	0.1522	0.1563	0.1708	0.1755	0.1714
6	0.0771	0.0826	0.0881	0.0936	0.0989	0.1042	0.1281	0.1462	0.1571
7	0.0385	0.0425	0.0466	0.0508	0.0551	0.0595	0.0824	0.1044	0.1234
8	0.0169	0.0191	0.0215	0.0241	0.0269	0.0298	0.0463	0.0653	0.0849
9	0.0066	0.0076	0.0089	0.0102	0.0116	0.0132	0.0232	0.0363	0.0519
10	0.0023	0.0028	0.0033	0.0039	0.0045	0.0053	0.0104	0.0181	0.0285
11	0.0007	0.0009	0.0011	0.0013	0.0016	0.0019	0.0043	0.0082	0.0143
12	0.0002	0.0003	0.0003	0.0004	0.0005	0.0006	0.0016	0.0034	0.0065
13	0.0001	0.0001	0.0001	0.0001	0.0002	0.0002	0.0006	0.0013	0.0028
14	0.0000	0.0000	0.0000	0.0000	0.0000	0.0001	0.0002	0.0005	0.0011
15	0.0000	0.0000	0.0000	0.0000	0.0000	0.0000	0.0001	0.0002	0.0004
16	0.0000	0.0000	0.0000	0.0000	0.0000	0.0000	0.0000	0.0000	0.0001
17	0.0000	0.0000	0.0000	0.0000	0.0000	0.0000	0.0000	0.0000	0.0000

Tafel 4 Standardnormalverteilung

Werte der Verteilungsfunktion für gegebene Werte z einer standardnormalverteilten Zufallsvariablen. Hierbei ist zu beachten, dass die Verteilungsfunktion (vgl. Formel (9.20)) nicht in geschlossener Form darstellbar ist, weil sich keine Stammfunktion der Dichtefunktion in geschlossener Form angeben lässt. Daher ermittelt man die Fläche unterhalb des Graphen der Dichtefunktion (die Werte der Verteilungsfunktion) näherungsweise durch Methoden der numerischen Integration.

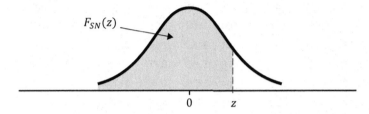

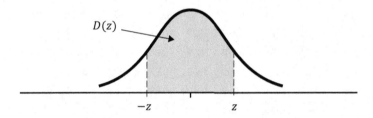

Tafel 4   Standardnormalverteilung (Fortsetzung)

z	$F_{SN}(-z)$ 0.	$F_{SN}(z)$ 0.	$D(z)$ 0.	z	$F_{SN}(-z)$ 0.	$F_{SN}(z)$ 0.	$D(z)$ 0.	z	$F_{SN}(-z)$ 0.	$F_{SN}(z)$ 0.	$D(z)$ 0.
0.01	4960	5040	0080	0.36	3594	6406	2812	0.71	2389	7611	5223
0.02	4920	5080	0160	0.37	3557	6443	2886	0.72	2358	7642	5285
0.03	4880	5120	0239	0.38	3520	6480	2961	0.73	2327	7673	5346
0.04	4840	5160	0319	0.39	3483	6517	3035	0.74	2296	7704	5407
0.05	4801	5199	0399	0.40	3446	6554	3108	0.75	2266	7734	5467
0.06	4761	5239	0478	0.41	3409	6591	3182	0.76	2236	7764	5527
0.07	4721	5279	0558	0.42	3372	6628	3255	0.77	2206	7794	5587
0.08	4681	5319	0638	0.43	3336	6664	3328	0.78	2177	7823	5646
0.09	4641	5359	0717	0.44	3300	6700	3401	0.79	2148	7852	5705
0.10	4602	5398	0797	0.45	3264	6736	3473	0.80	2119	7881	5763
0.11	4562	5438	0876	0.46	3228	6772	3545	0.81	2090	7910	5821
0.12	4522	5478	0955	0.47	3192	6808	3616	0.82	2061	7939	5878
0.13	4483	5517	1034	0.48	3156	6844	3688	0.83	2033	7967	5935
0.14	4443	5557	1113	0.49	3121	6879	3759	0.84	2005	7995	5991
0.15	4404	5596	1192	0.50	3085	6915	3829	0.85	1977	8023	6047
0.16	4364	5636	1271	0.51	3050	6950	3899	0.86	1949	8051	6102
0.17	4325	5675	1350	0.52	3015	6985	3969	0.87	1922	8078	6157
0.18	4286	5714	1428	0.53	2981	7019	4039	0.88	1894	8106	6211
0.19	4247	5753	1507	0.54	2946	7054	4108	0.89	1867	8133	6265
0.20	4207	5793	1585	0.55	2912	7088	4177	0.90	1841	8159	6319
0.21	4168	5832	1663	0.56	2877	7123	4245	0.91	1814	8186	6372
0.22	4129	5871	1741	0.57	2843	7157	4313	0.92	1788	8212	6424
0.23	4090	5910	1819	0.58	2810	7190	4381	0,93	1762	8238	6476
0.24	4052	5948	1897	0.59	2776	7224	4448	0.94	1736	8264	6528
0.25	4013	5987	1974	0.60	2743	7257	4515	0.95	1711	8289	6579
0.26	3974	6026	2051	0.61	2709	7291	4581	0.96	1685	8315	6629
0.27	3936	6064	2128	0.62	2676	7324	4647	0.97	1660	8340	6680
0.28	3897	6103	2205	0.63	2643	7357	4713	0.98	1635	8365	6729
0.29	3859	6141	2282	0.64	2611	7389	4778	0.99	1611	8389	6778
0.30	3821	6179	2358	0.65	2578	7422	4843	1.00	1587	8413	6827
0.31	3783	6217	2434	0.66	2546	7454	4907	1.01	1562	8438	6875
0.32	3745	6255	2510	0.67	2514	7486	4971	1.02	1539	8461	6923
0.33	3707	6293	2586	0.68	2483	7517	5035	1.03	1515	8485	6970
0.34	3669	6331	2661	0.69	2451	7549	5098	1.04	1492	8508	7017
0.35	3632	6368	2737	0.70	2420	7580	5161	1.05	1469	8531	7063

Tafel 4　Standardnormalverteilung (Fortsetzung)

z	$F_{SN}(-z)$	$F_{SN}(z)$	$D(z)$	z	$F_{SN}(-z)$	$F_{SN}(z)$	$D(z)$	z	$F_{SN}(-z)$	$F_{SN}(z)$	$D(z)$
	0.	0.	0.		0.	0.	0.		0.	0.	0.
1.06	1446	8554	7109	1.41	0793	9207	8415	1.76	0392	9608	9216
1.07	1423	8577	7154	1.42	0778	9222	8444	1.77	0384	9616	9233
1.08	1401	8599	7199	1,43	0764	9236	8473	1.78	0375	9625	9249
1.09	1379	8621	7243	1.44	0749	9251	8501	1.79	0367	9633	9265
1.10	1357	8643	7287	1.45	0735	9265	8529	1.80	0359	9641	9281
1.11	1335	8665	7330	1.46	0721	9279	8557	1.81	0351	9649	9297
1.12	1314	8686	7373	1.47	0708	9292	8584	1.82	0344	9656	9312
1.13	1292	8708	7415	1.48	0694	9306	8611	1.83	0336	9664	9328
1.14	1271	8729	7457	1.49	0681	9319	8638	1.84	0329	9671	9342
1.15	1251	8749	7499	1.50	0668	9332	8664	1.85	0322	9678	9357
1.16	1230	8770	7540	1.51	0655	9345	8690	1.86	0314	9686	9371
1.17	1210	8790	7580	1.52	0643	9357	8715	1.87	0307	9693	9385
1.18	1190	8810	7620	1.53	0630	9370	8740	1.88	0301	9699	9399
1.19	1170	8830	7660	1.54	0618	9382	8764	1.89	0294	9706	9412
1.20	1151	8849	7699	1.55	0606	9394	8789	1.90	0287	9713	9426
1.21	1131	8869	7737	1.56	0594	9406	8812	1.91	0281	9719	9439
1.22	1112	8888	7775	1.57	0582	9418	8836	1.92	0274	9726	9451
1.23	1093	8907	7813	1.58	0571	9429	8859	1.93	0268	9732	9464
1.24	1075	8925	7850	1.59	0559	9441	8882	1.94	0262	9738	9476
1.25	1056	8944	7887	1.60	0548	9452	8904	1.95	0256	9744	9488
1.26	1038	8962	7923	1.61	0537	9463	8926	1.96	0250	9750	9500
1.27	1020	8980	7959	1.62	0526	9474	8948	1.97	0244	9756	9512
1.28	1003	8997	7995	1.63	0516	9484	8969	1.98	0239	9761	9523
1.29	0985	9015	8029	1.64	0505	9495	8990	1.99	0233	9767	9534
1.30	0968	9032	8064	1.65	0495	9505	9011	2.00	0228	9772	9545
1.31	0951	9049	8090	1.66	0485	9515	9031	2.01	0222	9778	9556
1.32	0934	9066	8132	1.67	0475	9525	9051	2.02	0217	9783	9566
1.33	0918	9082	8165	1.68	0465	9535	9070	2.03	0212	9788	9576
1.34	0901	9099	8198	1.69	0455	9545	9090	2.04	0207	9793	9586
1.35	0885	9115	8230	1.70	0446	9554	9109	2.05	0202	9798	9596
1.36	0869	9131	8262	1.71	0436	9564	9127	2.06	0197	9803	9606
1.37	0853	9147	8293	1.72	0427	9573	9146	2.07	0192	9808	9615
1.38	0838	9162	8324	1.73	0418	9582	9164	2.08	0183	9812	9625
1.39	0823	9177	8355	1.74	0409	9591	9181	2.09	0183	9817	9634
1.40	0808	9192	8385	1.75	0401	9599	9199	2.10	0179	9821	9643

Tafel 4   Standardnormalverteilung (Fortsetzung)

z	$F_{SN}(-z)$	$F_{SN}(z)$	$D(z)$	z	$F_{SN}(-z)$	$F_{SN}(z)$	$D(z)$	z	$F_{SN}(-z)$	$F_{SN}(z)$	$D(z)$
	0.	0.	0.		0.	0.	0.		0.	0.	0.
2.11	0174	9826	9651	2.41	0080	9920	9840	2.71	0034	9966	9933
2.12	0170	9830	9660	2.42	0078	9922	9845	2.72	0033	9967	9935
2.13	0166	9834	9668	2.43	0075	9925	9849	2.73	0032	9968	9937
2.14	0162	9838	9676	2.44	0073	9927	9853	2.74	0031	9969	9939
2.15	0158	9842	9684	2.45	0071	9929	9857	2.75	0030	9970	9940
2.16	0154	9846	9692	2.46	0069	9931	9861	2.76	0029	9971	9942
2.17	0150	9850	9700	2.47	0068	9932	9865	2.77	0028	9972	9944
2.18	0146	9854	9707	2.48	0066	9934	9869	2.78	0027	9973	9946
2.19	0143	9857	9715	2.49	0064	9936	9872	2.79	0026	9974	9947
2.20	0139	9861	9722	2.50	0062	9938	9876	2.80	0026	9974	9949
2.21	0136	9864	9729	2.51	0060	9940	9879	2.81	0025	9975	9950
2.22	0132	9868	9736	2.52	0059	9941	9883	2.82	0024	9976	9952
2.23	0129	9871	9743	2.53	0057	9943	9886	2.83	0023	9977	9953
2.24	0125	9875	9749	2.54	0055	9945	9889	2.84	0023	9977	9955
2.25	0122	9878	9756	2.55	0054	9946	9892	2.85	0022	9978	9956
2.26	0119	9881	9762	2.56	0052	9948	9895	2.86	0021	9979	9958
2.27	0116	9884	9768	2.57	0051	9949	9898	2.87	0021	9979	9959
2.28	0113	9887	9774	2.58	0049	9951	9901	2.88	0020	9980	9960
2.29	0110	9890	9780	2.59	0048	9952	9904	2.89	0019	9981	9961
2.30	0107	9893	9786	2.60	0047	9953	9907	2.90	0019	9981	9963
2.31	0104	9896	9791	2.61	0045	9955	9909	2.91	0018	9982	9964
2.32	0102	9898	9797	2.62	0044	9956	9912	2.92	0018	9982	9965
2.33	0099	9901	9802	2.63	0043	9957	9915	2.93	0017	9983	9966
2.34	0096	9904	9807	2.64	0041	9959	9917	2.94	0016	9984	9967
2.35	0094	9906	9812	2.65	0040	9960	9920	2.95	0016	9984	9968
2.36	0091	9909	9817	2.66	0039	9961	9922	2.96	0015	9985	9969
2.37	0089	9911	9822	2.67	0038	9962	9924	2.97	0015	9985	9970
2.38	0087	9913	9827	2.68	0037	9963	9926	2.98	0014	9986	9971
2.39	0084	9916	9832	2.69	0036	9964	9929	2.99	0014	9986	9972
2.40	0082	9918	9836	2.70	0035	9965	9931	3.00	0013	9987	9973

Tafel 5 Chi-Quadrat-Verteilung

Werte χ^2 einer chi-quadrat-verteilten Zufallsvariablen für vorgegebene Werte der
Verteilungsfunktion $F(\chi^2)$ mit ν Freiheitsgraden

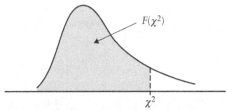

ν	$F(\chi^2)$								
	0.600	0.750	0.900	0.950	0.975	0.980	0.990	0.995	0.999
1	0.708	1.323	2.706	3.841	5.024	5.412	6.635	7.879	10.828
2	1.833	2.773	4.605	5.991	7.378	7.824	9.210	10.597	13.816
3	2.946	4.108	6.251	7.815	9.348	9.837	11.345	12.838	16.266
4	4.045	5.385	7.779	9.488	11.143	11.668	13.277	14.860	18.467
5	5.132	6.626	9.236	11.070	12.833	13.388	15.086	16.750	20.515
6	6.211	7.841	10.645	12.592	14.449	15.033	16.812	18.548	22.458
7	7.283	9.037	12.017	14.067	16.013	16.622	18.475	20.278	24.322
8	8.351	10.219	13.362	15.507	17.535	18.168	20.090	21.955	26.124
9	9.414	11.389	14.684	16.919	19.023	19.679	21.666	23.589	27.877
10	10.473	12.549	15.987	18.307	20.483	21.161	23.209	25.188	29.588
11	11.530	13.701	17.275	19.675	21.920	22.618	24.725	26.757	31.264
12	12.584	14.845	18.549	21.026	23.337	24.054	26.217	28.300	32.909
13	13.636	15.984	19.812	22.362	24.736	25.471	27.688	29.819	34.528
14	14.685	17.117	21.064	23.685	26.119	26.873	29.141	31.319	36.123
15	15.733	18.245	22.307	24.996	27.488	28.259	30.578	32.801	37.697
16	16.780	19.369	23.542	26.296	28.845	29.633	32.000	34.267	39.252
17	17.824	20.489	24.769	27.587	30.191	30.995	33.409	35.718	40.790
18	18.868	21.605	25.989	28.869	31.526	32.346	34.805	37.156	42.312
19	19.910	22.718	27.204	30.144	32.852	33.687	36.191	38.582	43.820
20	20.951	23.828	28.412	31.410	34.170	35.020	37.566	39.997	45.315
21	21.991	24.935	29.615	32.671	35.479	36.343	38.932	41.401	46.797
22	23.031	26.039	30.813	33.924	36.781	37.659	40.289	42.796	48.268
23	24.069	27.141	32.007	35.172	38.076	38.968	41.638	44.181	49.728
24	25.106	28.241	33.196	36.415	39.364	40.270	42.980	45.559	51.179
25	26.143	29.339	34.382	37.652	40.646	41.566	44.314	46.928	52.620
26	27.179	30.435	35.563	38.885	41.923	42.856	45.642	48.290	54.052
27	28.214	31.528	36.741	40.113	43.195	44.140	46.963	49.645	55.476
28	29.249	32.620	37.916	41.337	44.461	45.419	48.278	50.993	56.892
29	30.283	33.711	39.087	42.557	45.722	46.693	49.588	52.336	58.301
30	31.316	34.800	40.256	43.773	46.979	47.962	50.892	53.672	59.703
31	32.349	35.887	41.422	44.985	48.232	49.226	52.191	55.003	61.098
32	33.381	36.973	42.585	46.194	49.480	50.487	53.486	56.328	62.487
33	34.413	38.058	43.745	47.400	50.725	51.743	54.776	57.648	63.870
34	35.444	39.141	44.903	48.602	51.966	52.995	56.061	58.964	65.247
35	36.475	40.223	46.059	49.802	53.203	54.244	57.342	60.275	66.619
36	37.505	41.304	47.212	50.998	54.437	55.489	58.619	61.581	67.985
37	38.535	42.383	48.363	52.192	55.668	56.730	59.892	62.883	69.346
38	39.564	43.462	49.513	53.384	56.896	57.969	61.162	64.181	70.703
39	40.593	44.539	50.660	54.572	58.120	59.204	62.428	65.476	72.055
40	41.622	45.616	51.805	55.758	59.342	60.436	63.691	66.766	73.402

Tafel 6 Studentverteilung

Werte t einer studentverteilten Zufallsvariablen
für vorgegebene Werte der Verteilungsfunktion
$F(t)$ mit v Freiheitsgraden

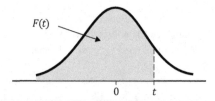

$F(t)$

0   t

v	$F(t)$									
	0.600	0.700	0.750	0.800	0.900	0.950	0.975	0.990	0.995	0.999
1	0.325	0.727	1.000	1.376	3.078	6.314	12.71	31.82	63.66	318.3
2	0.289	0.617	0.816	1.061	1.886	2.920	4.303	6.965	9.925	22.33
3	0.277	0.584	0.765	0.978	1.638	2.353	3.182	4.541	5.841	10.21
4	0.271	0.569	0.741	0.941	1.533	2.132	2.776	3.747	4.604	7.173
5	0.267	0.559	0.727	0.920	1.476	2.015	2.571	3.365	4.032	5.893
6	0.265	0.553	0.718	0.906	1.440	1.943	2.447	3.143	3.707	5.208
7	0.263	0.549	0.711	0.896	1.415	1.895	2.365	2.998	3.499	4.785
8	0.262	0.546	0.706	0.889	1.397	1.860	2.306	2.896	3.355	4.501
9	0.261	0.543	0.703	0.883	1.383	1.833	2.262	2.821	3.250	4.297
10	0.260	0.542	0.700	0.879	1.372	1.812	2.228	2.764	3.169	4.144
11	0.260	0.540	0.697	0.876	1.363	1.796	2.201	2.718	3.106	4.025
12	0.259	0.539	0.695	0.873	1.356	1.782	2.179	2.681	3.055	3.930
13	0.259	0.538	0.694	0.870	1.350	1.771	2.160	2.650	3.012	3.852
14	0.258	0.537	0.692	0.868	1.345	1.761	2.145	2.624	2.977	3.787
15	0.258	0.536	0.691	0.866	1.341	1.753	2.131	2.602	2.947	3.733
16	0.258	0.535	0.690	0.865	1.337	1.746	2.120	2.583	2.921	3.686
17	0.257	0.534	0.689	0.863	1.333	1.740	2.110	2.567	2.898	3.646
18	0.257	0.534	0.688	0.862	1.330	1.734	2.101	2.552	2.878	3.610
19	0.257	0.533	0.688	0.861	1.328	1.729	2.093	2.539	2.861	3.579
20	0.257	0.533	0.687	0.860	1.325	1.725	2.086	2.528	2.845	3.552
21	0.257	0.532	0.686	0.859	1.323	1.721	2.080	2.518	2.831	3.527
22	0.256	0.532	0.686	0.858	1.321	1.717	2.074	2.508	2.819	3.505
23	0.256	0.532	0.685	0.858	1.319	1.714	2.069	2.500	2.807	3.485
24	0.256	0.531	0.685	0.857	1.318	1.711	2.064	2.492	2.797	3.467
25	0.256	0.531	0.684	0.856	1.316	1.708	2.060	2.485	2.787	3.450
26	0.256	0.531	0.684	0.856	1.315	1.706	2.056	2.479	2.779	3.435
27	0.256	0.531	0.684	0.855	1.314	1.703	2.052	2.473	2.771	3.421
28	0.256	0.530	0.683	0.855	1.313	1.701	2.048	2.467	2.763	3.408
29	0.256	0.530	0.683	0.854	1.311	1.699	2.045	2.462	2.756	3.396
30	0.256	0.530	0.683	0.854	1.310	1.697	2.042	2.457	2.750	3.385
40	0.255	0.529	0.681	0.851	1.303	1.684	2.021	2.423	2.704	3.307
50	0.255	0.528	0.679	0.849	1.299	1.676	2.009	2.403	2.678	3.261
100	0.254	0.526	0.677	0.845	1.290	1.660	1.984	2.364	2.626	3.174
150	0.254	0.526	0.676	0.844	1.287	1.655	1.976	2.352	2.609	3.146
∞	0.253	0.524	0.674	0.842	1.282	1.645	1.960	2.326	2.576	3.090

Stichwortverzeichnis